新型职业农民培育系列教材

# 农业物联网技术与应用

王振录　梁雪峰　陈胜利　主编

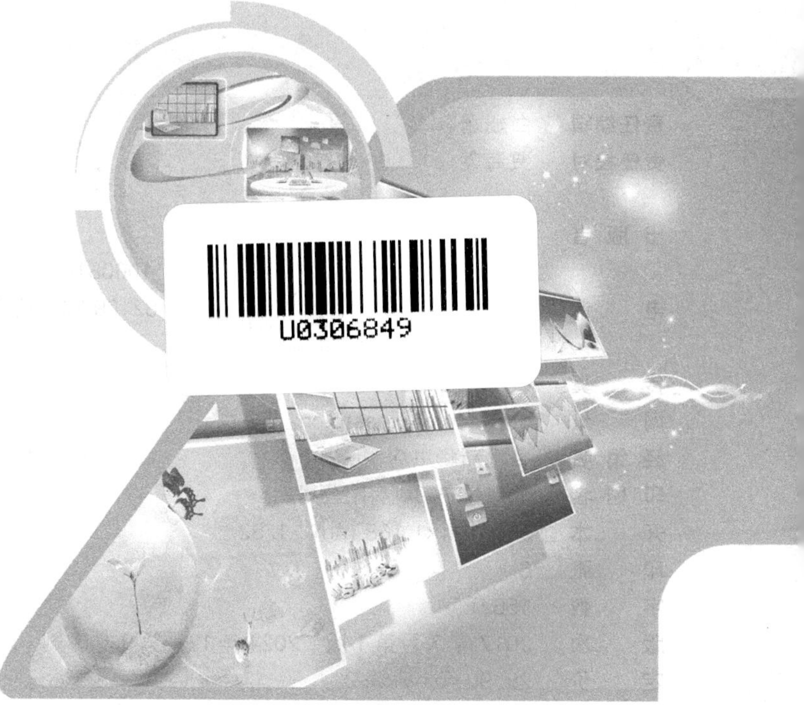



中国农业科学技术出版社

**图书在版编目（CIP）数据**

农业物联网技术与应用 / 王振录，梁雪峰，陈胜利主编 .—北京：中国农业科学技术出版社，2017.7（2024.12重印）

ISBN 978-7-5116-3172-5

Ⅰ.①农…　Ⅱ.①王…②梁…③陈…　Ⅲ.①互联网络-应用-农业研究②智能技术-应用-农业研究　Ⅳ.①S126

中国版本图书馆 CIP 数据核字（2017）第 165713 号

责任编辑　白姗姗
责任校对　贾海霞

出 版 者　中国农业科学技术出版社
　　　　　北京市中关村南大街 12 号　邮编：100081
电　　话　（010）82106636（编辑室）　（010）82109702（发行部）
　　　　　（010）82109709（读者服务部）
传　　真　（010）82106650
网　　址　http://www.castp.cn
经 销 者　各地新华书店
印 刷 者　北京建宏印刷有限公司
开　　本　850 mm×1 168 mm　1/32
印　　张　6
字　　数　156 千字
版　　次　2017 年 7 月第 1 版　2024 年 12月第 9 次印刷
定　　价　28. 90 元

# 《农业物联网技术与应用》

## 编　委　会

主　　编：王振录　梁雪峰　陈胜利

副 主 编：王伟华　黎奕芳　马玉红　王建中　石　龙

李文鹏　张　云　冯　艳　王佩星　张军培

王边红　秦关召　贺山峰　周纪绍　张　萍

任建平　郭彦东　李振红　王继民　卢军岭

张会田　胡松林　贾新杰　贾春龙　杨　柳

马风娟　张西平　袁会峰　殷　曼　吴　涛

编写人员：唐洪兵　郑文艳　张慧娟　栾丽培

# 前　言

随着信息技术和计算机网络技术的发展，物联网已经走进了农业生产的各个领域。国际电信联盟认为，物联网是通过智能传感器、射频识别（RFID）设备、全球卫星定位系统（GPS）等信息传感设备按照约定的协议，把任何物品与互联网连接起来，进行信息交换和通信，以实现智能化识别、定位、跟踪、监控和管理的一种网络。

近年来，世界农业物联网技术不断发展，在农业物联网感知技术、数据传输技术、智能处理技术等方面取得了很大的进展。

本书全面、系统地介绍了农业物联网的知识，包括农业物联网的概述、农业物联网传感技术、农业物联网传输技术、农业物联网处理技术、农业物联网系统应用等内容。

本书围绕大力培育新型职业农民，以满足职业农民朋友生产中的需求。重点介绍了农业物联网技术与应用方面的成熟技术、以及新型职业农民必备的基础知识。书中语言通俗易懂，技术深入浅出，实用性强，适合广大新型职业农民、基层农技人员学习参考。

编　者

2017 年 6 月

# 目　录

# 第一章　农业物联网概述

不要对物联网感到陌生，事实上它已经走入了我们的生活，我们身边的许多应用已经使用了物联网技术。例如，我们正在使用的各种公交卡、门禁卡、停车场出入卡、饭卡等，卡片内置了射频识别芯片，所应用的就是物联网的射频识别技术（RFID）。卡片的内置芯片具有感应装置，使用时只要将卡片置于能感应的范围内，“滴”的一声，就能完成身份识别，非常方便快捷。

## 第一节　物联网的含义

物联网对于很多人来说还是个新名词，与“互联网”仅一字之差，而实际上物联网与互联网大有不同。物联网的英文名字为 Internet of Things，简称 IOT。

从字面上看，物联网就是物物相连的网络，能够让物体具有智慧，可以实现智能的应用。美国的沃尔玛集团就采用了射频识别（Radio Frequency Identification，RFID）技术进行供应链管理的优化，获得了巨大的经济效益。因此，那时国内有人呼吁要加快中国物联网技术的发展和应用，以改善中国物流行业存在的种种问题。当然物流领域的应用只是物联网应用初期的典型代表，物联网的应用价值远远超乎我们的想象。

### 一、物联网的概念

物联网是当今网络高频度热词，对于物联网的概念，有多种解释。比较有代表性的有以下几种。

（1）百度定义物联网：是通过射频识别、红外感应器、全球定位系统、激光扫描器等信息传感设备，按约定的协议，把任何物品与互联网连接起来，进行信息交换和通信，以实现智能识别、定位、跟踪、监控和管理的一种网络。

(2) 维基百科定义物联网：把所有物品通过射频识别等信息传感设备和互联网连接起来，实现智能化识别和管理；物联网就是把感应器装备嵌入各种物体中，然后将“物联网”与现有的互联网连接起来，实现人类社会与物理系统的整合。

(3) ITU（国际电信联盟）定义物联网：By embedding short-range mobile transceivers into a wide array of additional gadgets and everyday items, enabling new forms of communication between people and people, between people and things, and between things themselves（在日常用品中通过嵌入一个额外的小工具和广泛的短距离的移动收发器，使人与人之间、人与物之间以及物与物之间形成信息沟通的形式）。

From anytime, anyplace connectivity for anyone, we will now have connectivity for anything（任何时间、任何地点、任何人，我们现在都能够实现相关连接）。

总之，物联网能够实现所有物品通过射频识别等信息传感设备实现在任何时间、任何地点，与任何物体之间的连接，达到智能化识别和管理的目的。其中，身份识别是 ITU 物联网的核心。

【小知识】

ITU（国际电信联盟）是一个国际组织，主要负责确立国际无线电和电信的管理制度和标准。它的前身是在巴黎创立的国际电报联盟，是世界上最悠久的国际组织之一。它的主要任务是制定标准，分配无线电资源，制定各个国家之间的国际长途互连方案。它也是联合国的一个专门机构，总部设在瑞士的联合国第二大总部日内瓦。

(4) EOPSS（欧洲智能系统集成技术平台）定义物联网：Things having identities and virtual personalities operating in smart

spaces using intelligent interfaces to connect and communicate within social, environmental, and user contexts（在智慧空间中，具有身份和虚拟人物操作的东西，使用智能接口连接和沟通社会、环境和用户语境）。

除此之外，还有一个广义的物联网概念，也就是实现全社会生态系统的智能化，实现所有物品的智能化识别和管理。我们可以在任何时间、任何地点实现与任何物的连接。

从众多的定义中，我们不难看出物联网本质上具有以下特点。

（1）物联网是物与物相互连接的网络，互联是其重要特征：物联网中物的概念包括机器、动物、植物以及人，也包括我们日常所接触和所看到的各种物品。所以，物联网本质上与人们常提到的互联网有很大不同。互联网是机器与机器的连接，构建了一个虚拟的世界。而物联网的概念则是真实物与真实物的连接，将物与物按照特定的组网方式进行连接，并且实现信息的双向有效传递。

（2）物联网能够让物体自动自发，智慧是其另一个重要特征：智慧感知是物联网赋予物体的一个全新属性，这将大大拓展人类对于这个世界的感知范围，在不久的将来我们就能够看懂动物、植物以及物品的内心。例如，桌上的一个橘子，虽然我们通过肉眼能够识别出它是一个橘子，但是如果不去尝一尝，我们并不知道它是偏甜还是偏酸。未来的物联网将可以帮助我们，通过感知技术的应用，对橘子进行判断并将相关的信息反馈给我们。

（3）物联网大大拓展了人类的沟通范围：物联网将人类的沟通范围从单一的人与人之间的沟通扩展到了物体与物体、人与物体之间（图 1-1）。物联网即实现了这样的人类理想，它被赋予了人类的智慧，借助通信网络，建立起物体与物体之间、物体与人类之间的通信，扩展了人类的沟通范围，实现人类与物体之间的“直接对话”。

图 1-1 物联网概念示意图

（4）物联网可以实现更多智能的应用：有了物联网，物体具有智慧，可以被感知，并且能够实现与人类之间的沟通，因此可以实现对于物体的智能管理。物联网对物体的智能管理，可以衍生出更多的智能应用。

## 二、物联网的主要特点

全面感知、可靠传输与智能处理是物联网的 3 个显著特点。物联网与互联网、通信网相比有所不同，虽然都是能够按照特定的协议建立连接的应用网络，但物联网在应用范围、网络传输以及功能实现等方面都比现有的网络要明显增强，其中最显著的特点是感知范围扩大以及应用的智能化。

### （一）全面感知

物联网连接的是物，需要能够感知物，赋予物智能，从而实现对物的感知。以前我们对于物的感知是表象的，现在变成了物与物、人与物之间进行广泛的感知和连接，感知的范围进一步扩展，这是物联网根本性的变革。

要实现对物体的感知，就要利用 RFID、传感器、二维码等技术以便能够随时随地采集物体的静态和动态信息。这样我们就可以对物体进行标识，全面感知所连接对象的状态，对物进行快速分级处理。

现在一些智能终端中已经内置了传感器，例如，苹果公司的 iPhone 手机。iPhone 通过对旋转时运动的感知，可以自动地改变其显示竖屏还是横屏，以便用户能够以合适的方向和垂直视角看到完整的页面或者数字图片。如图 1-2 所示，物联网的感知层能够全面感知语音、图像、温度、湿度等信息并向上传送。

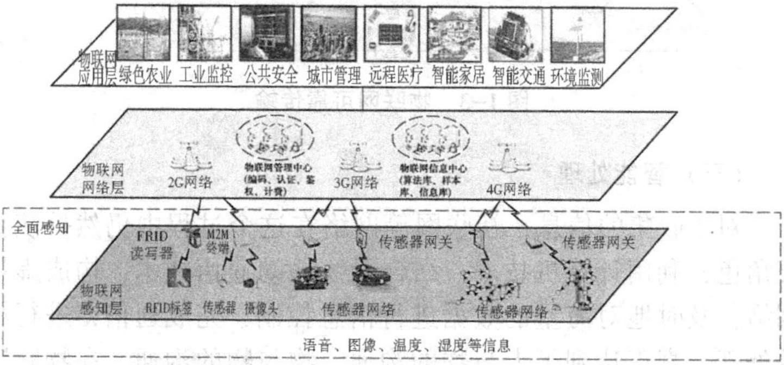


**图 1-2 物联网全面感知**

**（二）可靠传输**

物联网通过前端感知层收集各类信息，还需要通过可靠的传输网络将感知的各种信息进行实时传输，这种传输具有以下特点。

（1）对感知到的信息进行可靠传输，全面及时而不失真。

（2）信息传递的过程应是双向的，即处理平台不仅能够收到前端传来的信息，并且能够顺畅安全地将相关返回信息传递到前端。

（3）信息传输安全、防干扰，防病毒能力、防攻击能力强，具有高可靠的防火墙功能。如图 1-3 所示，物联网的传输层包含大型的传输设备、交换设备，为信息的可靠传输提供稳定安全的链路。

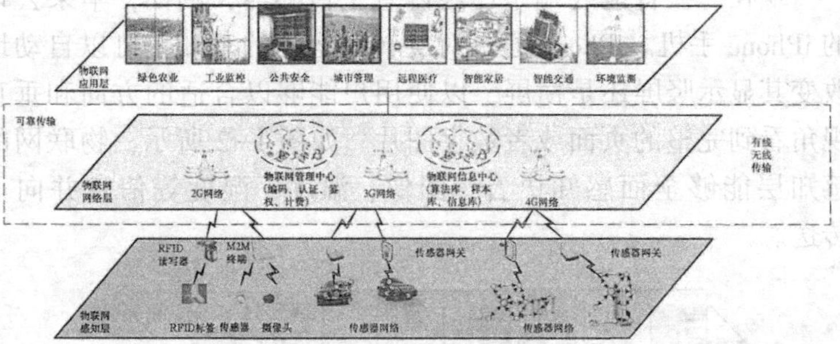


图 1-3　物联网可靠传输

**（三）智能处理**

对于收集的信息，互联网等网络在这个过程中仍然扮演重要角色，利用计算机技术，结合无线移动通信技术，构成虚拟网络，及时地对海量的数据进行信息控制，完成通信，进行相关处理。真正达到了人与物的沟通、物与物的沟通。在物联网系统中，通过相关指令的下达，使联网的多种物体处于可监控、可管理的状态，这就突破了手工管理的种种不便。应用感知技术让物体能够及时反馈自己所处的状态，从而实现智能化管理。物联网对信息的智能化处理是对信息进行“非接触自动处理”，通过各种传感设备可以实现信息远程获取，并不需要去实地采

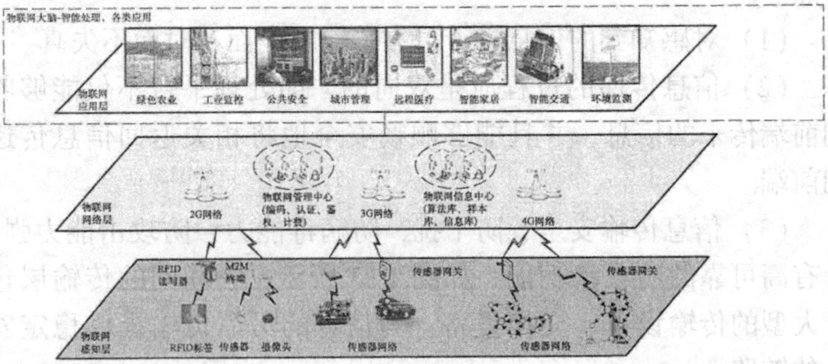


图 1-4　物联网智能处理

集；对物流信息实行实时监控，通过对流通中的物体内置芯片，系统就能够随时监控物体运行的状态；在智能处理的全过程中，都可实现各环节信息共享。如图 1–4 所示，物联网应用层包含各行业的应用，依据系统服务要求灵活处理。

## 三、物联网、互联网、泛在网辨析

美国权威咨询机构 Forrester Research 预测，到 2020 年，世界上物物互联的业务，跟人与人通信的业务相比，将达到 30：1，社会将进入全面的物联网时代。实际上，物联网并不是凭空出现的事物，它的神经末梢是传感器，它的信息通信网络则可以依靠传统的互联网和通信网等，对于海量信息的运算处理则主要依靠云计算、网格计算等计算方式。

物联网与现有的互联网、通信网和未来的泛在网有着十分微妙的关系，下面就物联网和互联网、物联网和泛在网、未来网络的融合分别论述。

【小知识】

Forrester Research 公司是一家独立的技术和市场调研公司，针对技术给业务和客户所带来的影响提供务实和具有前瞻性的建议。在过去的 25 年中，Forrester Research 公司已经被公认为思想的领导者和可信赖的咨询商，它通过所从事的研究、咨询、市场活动和高层对等交流计划，帮助那些全球性的企业用户建立起市场领导地位。

### （一）物联网的传输通信保障——互联网

物联网在“智慧地球”提出之后，引起了强烈的反响。其实，在这个概念提出之初，很多人就将它与互联网相提并论，甚至有很多人预言，物联网不仅将重现互联网的辉煌，它的成就甚至会超过互联网。不少专家预测，物联网产业将是下一个万亿元级规模的产业，甚至超过互联网 30 倍。然而，对于两者之间的关系和侧重点，有很多说法，下面分别从不同的层面解析两者的关系。

说法一：物联网是应用。中国工程院副院长邬贺铨院士在广州举行的有关科技讲坛上提出，物联网是未来信息产业的发展方向，也是中国经济新的增长点。相较于互联网的全球性，物联网是行业性的。物联网不是把任何东西都联网，而是把联网有好处而且能联网的东西连起来；物联网不是互联网，而是应用。物联网具备三大特征：联网的每一个物件均可寻址，联网的每一个物件均可通信，联网的每一个物件均可控制。

说法二：中国经济周刊指出物联网是互联网的下一站，周刊提到物联网的定义是把所有物品通过 RFID 等信息传感设备与互联网连接起来，实现智能化识别和管理。从这个意义上讲，物联网更像是互联网的延伸和拓展，甚至有“物联网是互联网的一个新的增长点”之说。

邬贺铨指出，从某种意义上讲，互联网是虚拟的，而物联网是虚拟与现实的结合，是网络在现实世界里真正大规模的应用。计算机、互联网发源于美国，美国对于互联网有着绝对的话语权；而物联网才起步不久，因此，中国在物联网方面也享有一定的国际话语权。表 1–1 所示物联网与互联网的比较进一步说明了两者的区别和联系。

**表 1–1 物联网与互联网的比较**

| 比较 | 互联网 | 物联网 |
| --- | --- | --- |
| 起源 | 计算机技术的出现和信息的快速传播 | 传感技术的出现与发展 |
| 面向对象 | 人 | 人和物 |
| 核心技术及所有者 | 网络协议技术核心技术主要掌握在主流操作系统及语言开发商手中 | 数据自动采集、传输技术、后台存储计算、软件开发核心技术掌握在芯片技术开发商及标准制定者手中 |
| 创新 | 主要体现在内容的创新及形式的创新，例如腾讯、网易等 | 面向客户的个性化需求，体现技术与生活的紧密联系，给予开发者充分想象的空间，让所有物品智能化 |

从表 1-1 可以看到，人类是从对信息积累搜索的互联网方式逐步向对信息智能判断的物联网前进，而且这样的信息智能是结合不同的信息载体进行的，如一杯牛奶的信息、一头奶牛的信息和一个人的信息的结合而产生判断的智能。

如果说互联网是把一个物质给你，提供了多个信息源头，那么，物联网则是把多个物质和多个信息源头给你，提供了一个判断的活信息。互联网教你怎么看信息，物联网教你怎么用信息，更智慧是其特点，把信息的载体扩充到“物”（包括机器、材料等）。所以，物联网的含义更为广泛，它连接的是物与物，而物是非智能的。因此，这就要求物联网必须是智能的、自治的、感知的网络，必须具备协同处理能力。

因此，物联网的发展与互联网的发展是并行的，且相互影响。在重视物联网发展的同时，同样不能轻视互联网的发展。加速互联网应用，培育新兴产业，积极研究发展下一代互联网（Next Generation Internet，NGI），重视移动互联网，推进互联网和传统产业进行有机结合，发挥互联网在促进国民经济增长中的重要作用。

**（二）物联网发展的方向——泛在网**

物联网与传感网关系密切，两者可以说互相影响，同等重要。而对于泛在网这个概念，大家倒是有点陌生。在国家科技重大专项中，泛在网和物联网并列排在项目五，有着特殊的含义。物联网的重大作用主要体现在传感网的发展和完备上，而泛在网的重要性主要体现在它的无所不在、无所不包、无所不能，并以实现在任何时间、任何地点、任何人、任何物都能顺畅的通信为目标。

**（三）未来趋势——网络融合**

从中国经济角度看，物联网已经成为中国经济结构调整的重要落脚点，成为产业升级转型的重要抓手。随着中国物联网战略的实施，物联网和互联网、移动互联网的融合应用为中国后金融时代经济快速复苏提供了前所未有的机会，未来业务的发展和新布局将会在物联网和互联网的融合应用上。随着融合的不断深入，创新的商业模式将出现更多的新机遇、新挑战。在国家大力推动工业化与信息化两化融合的大背景下，物联网将是工业乃至更多行业信息化过程中一个比较现实的突破口。一旦物联网大规模普及，无数的物品需要加装更加小巧智能的传感器，用于动物、植物、机器等物品的传感器与电子标签及配套的接口，装置数量将大大超过目前的手机数量，市场巨大。

未来，网络融合将成为趋势，这不仅对业务的整合、降低成本、提高行业的整体竞争力等方面有很大的益处，而且为未来信息产业的发展做了准备。

2010 年年初，时任国务院总理温家宝主持召开了主题为“加强网络融合，打造立体通信”的国务院常务会议，会议决定加快推进电信网、广播电视网和互联网的网络融合，推进三网融合发展（图 1–5），实现三网互联互通、资源共享，为用户提供数据和广播电视等多种服务，形成新的经济增长点。网络融合为物联网未来发展提供了便利，一方面，可以借助融合后的网络平台促进自身的发展，另一方面，也会进一步推动自身与互联网、移动互联网的融合发展，创造新的经济增长点，促进物联网产业的发展成熟。

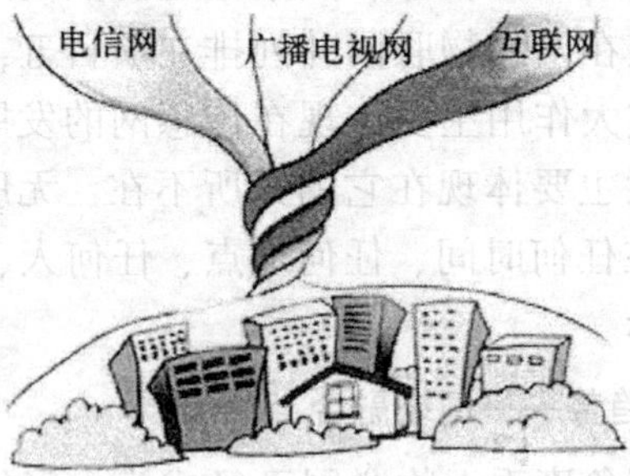


**图 1–5　三网融合**

简而言之，三网融合是指电信网、广播电视网、互联网三网的融合。它是网络实体的互联互通，深度融合还会涉及技术融合、业务融合、行业融合、终端融合等，最终提供给客户一个个性化、自动化、宽带化的网络。在网络实体融合过程中，无线传输发挥重要作用，无线传输网络互联是实现网络融合的重要手段，因此，无线宽带、无线互联正在成为近期业界发展的新热点。而无线传输网络建设也恰恰成为未来物联网发展的基础之一。

网络融合的概念远不止“三网融合”中提到的三个网络的融合，“三网融合”仅仅是网络融合概念的冰山一角。纵观通信行业近两年的发展，我们看到一些网络运营商已着手与其他网络的融合。例如，中国移动加快物联网与 TD 的融合发展，并在无锡市建立物联网研究院和物联网数据中心，前者重点开展TD-SCDMA 与物联网融合的技术研究、应用开发，后者则用以支撑物联网的相关业务。中国移动将物联网与 TD 技术相结合，形成两大应用：一是物联网和 TD 终端的结合，实现物联网和 3G 的融合发展；二是物联网和 TD 无线城市的结合，打造“TD 物联城市”的新理念，实现泛在网络的最终设想。

事实上，网络融合还包括卫星通信与各大网络的融合。尤其在我国，卫星宽带网对我国解决农村偏远地区的节目收视、网络互联等业务的展开有着重要意义，而这个问题是不能在短期内解决的。未来物联网发展将会在这些偏远地区实现智能化，促进这些地区资源的合理利用和发展，网络的通畅则更显得重要。图 1-6 示出了网络融合发展过程。

网络融合的动力不是行政命令，而是降低成本，增加利润，同时，也是用户的需求和未来业务发展的需求。现在的业务正朝着综合化的方向发展，用户的需求正驱动网络融合。网络融合涉及承载网、业务控制、终端应用等多个方面，它并不是一蹴而就的，而是一个长期的目标和过程。随着技术的不断进步，它的融合水平也会提升，这也意味着为我们的生活带来更多的便利和技术支持。网络融合不仅为现有的网络带来挑战，也为物联网产业的发展提出了要求。即使是未来的LTE网络，其他后3G、4G网络，它们连接的两端可能是其他如互联网、广播网、物联网，网络融合对于这些未来的网络能否自适应地为其他网络提供服务提出新的要求。

图 1-6 网络融合发展过程

1. 互联网进化

在网络融合的道路上，各型网络不断发展演化，从而适应网络大融合的发展趋势。自互联网诞生以来，其发展就以迅雷不及掩耳之势蔓延着，对于它的研究有很多不同的说法，其中一种就是互联网进化论，由中国科学院虚拟经济与数据科学研究中心客座研究员刘峰提出。此说法将现在热门的物联网考虑进去，认为是互联网进化的一部分。

互联网进化论认为，互联网的发展并不是无序和混乱的，而是有很强的方向性，其最终目标是为了实现人类大脑的充分联网，这一目标不断引导互联网向前发展。互联网进化的最终结果是：第一，实现人类大脑的充分联网；第二，形成一个与人类大脑高度相似的互联网虚拟大脑，如图 1-7 所示。

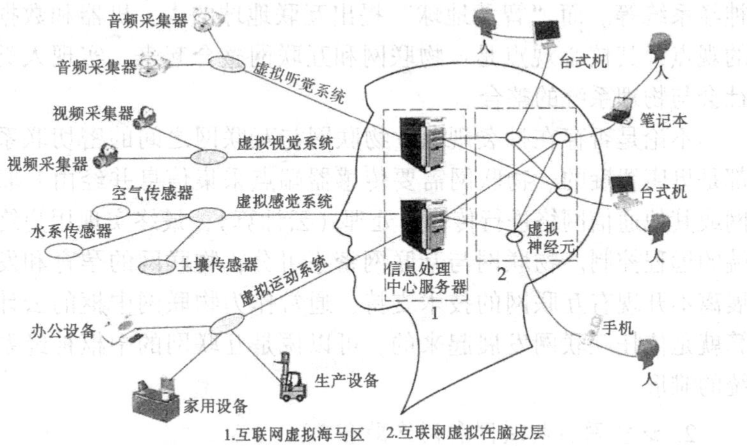


**图 1–7 互联网虚拟大脑示意图**

实际上，“智慧地球”（图 1–8）互联网与虚拟大脑的理论十分相似。互联网进化论认为互联网不仅仅是机器的联网，更是人类大脑的联网，其核心观点是：互联网正在向与人脑结构高度相似的方向进化，将具有神经元、视觉系统、感觉系统、听觉系统、运动系统、记忆系统、大脑皮层、中枢神经、自主

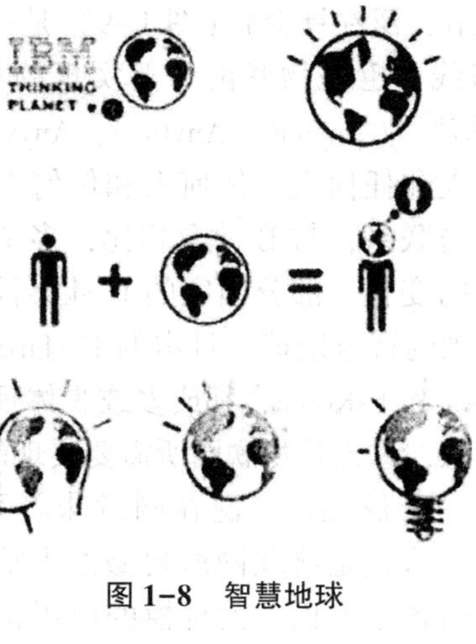


**图 1–8 智慧地球**

神经系统等。而“智慧地球”提出互联地球的人、机器和数据的观点，其核心观点是：物联网和互联网整合起来，实现人类社会与物理系统的整合。

不论是否存在抄袭现象，物联网与互联网之间的密切联系都是毋庸置疑的。物联网需要传感器端点采集信息并经由互联网或其他通信网络进行传输、处理（云计算），最终实现用户终端的远程控制。物联网与互联网密不可分，物联网的孕育和发展离不开现有互联网的技术支持，通常作为物联网中枢的云计算就是依托互联网发展起来的，可以说是互联网的中枢神经系统的雏形。

2. 泛在网、物联网和网络融合

由之前的介绍可知，泛在网就是无处不在的互联，把“无处不在”的特征扩展到 ICT（Information and Communication Technology）产业中，渗透到工作生活的各个方面，这将会带来许多变化，包括终端产品种类的增多、运营产业组织模式的多样化等。

构建无所不在的信息社会已成为全球趋势，而物联网正是进一步发展的桥梁。从 E 社会（Electronic Society）到 U 社会（Ubiquitous Society，泛在社会）（图 1-9）是一条从硬件到软件和服务演进的路线，也是物联网所要实现的目标。U 社会里，要实现“4A 通信”（Anyone，Anytime，Anywhere，Anything），即能够实现任何人和任何人、任何人和任何事物在任何时候和任何地点的通信与联系，与 E 社会相比，多了任何事物，这正是物联网所带来的变化。部分国家的 U 社会计划，无论是中国的感知中国、美国的智慧地球、日本的 U-Japan 和 I-Japan，还是韩国的 U-Korea 和 I-Korea，都或多或少体现了这个无处不在互联、感知的思想，这正是物联网所需要实现的。

U 社会需要一个泛在网，泛在网意味着无处不在的互联，信息的无处不在，这正是物联网所要做的事情。物联网把信息贯穿到生产及生活各个方面，大规模的应用将会有效地促进工

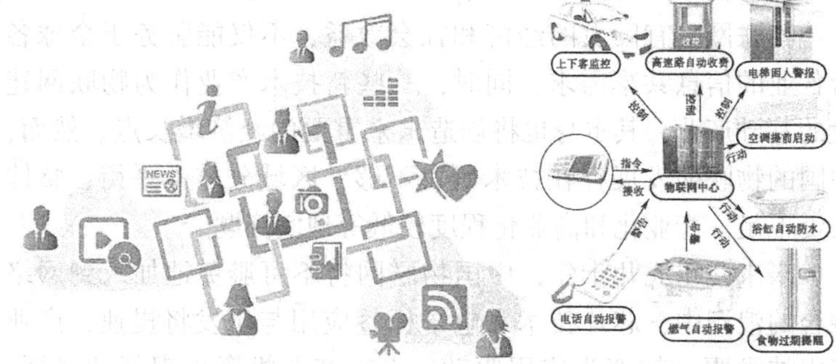


**图 1-9　E 社会人人互联　U 社会——人物大互联**

业化和信息化的两化融合，成为产业升级、技术进步和经济发展的重要推动力。

以物联网为代表的信息技术发展趋势为从信息化向智能化的过渡，这也是网络从虚拟走向现实、从局域走向泛在的过程。物联网实际上就是信息应用的进一步深化和智能化。从虚拟走向现实指的是从传统的互联网所构建的虚拟世界走向由物联网所构建的物与物、人与人及人与物连接的现实世界。从局域走向泛在指的是打破各行业信息化应用的特定局域网壁垒，实现跨行业、跨平台、跨地域的互联互通。

3. 融合的前景

网络融合将会带来广阔的天空，无论是终端、网络，还是平台，都将会发生深刻的变革，而融合后的市场规模将是单一领域的数倍，同时，网络融合也无可避免地带来了更为激烈的竞争，各自领域的佼佼者在这一融合的领域将面临更为激烈的市场竞争。对物联网来说，大的网络的融合背景也为物联网的发展提供了便利。

随着中国物联网战略的形成，物联网与互联网、移动互联网的融合应用都已经为后金融危机时代的中国经济快速复苏带来前所未有的发展机会。无论是厂商还是运营商，都将未来业务发展的核心布局在物联网与互联网的融合应用上。

物联网具有巨大的经济和社会效益，不仅能服务于全球各行各业的信息共享需求，同时，一些新技术产业作为物联网建设的基础产业，其本身也将创造未来重要的经济增长点。然而，中国的物联网发展存在技术研发不够、区域分布不平衡、整体投资不足、产业化和商业化程度较低等现实问题。

未来几年或几十年，中国物联网将不可避免地加入到网络融合的浪潮中，芯片技术和电子标签应用与研发将提速，产业将由技术驱动转变为应用驱动。未来产业投资出现新的机遇，跨产业链互联将催生新的投资项目，业内领先的企业将成为投资者追捧的主要目标。物联网将不仅仅与现有的通信传输网络融合，而且与嵌入式系统融合的现象也很突出。云计算、传感器技术等将会给嵌入式系统带来更多机遇，各种嵌入式设备如何无缝、无线地接入现有网络将成为首要解决的问题。产品的互联、系统可堆叠和开放的架构、符合开放标准的接口等都是对嵌入式系统发展的要求。

## 第二节　农业物联网系统

### 一、农业物联网的架构

农业物联网主要包括 3 个层次：感知层、传输层和应用层。第一层是感知层，包括 RFID 条形码、传感器等设备在内的传感器节点，可以实现信息实时动态感知、快速识别和信息采集，感知层主要采集内容包括农田环境信息、土壤信息、植物养分及生理信息等；第二层是传输层，可以实现远距离无线传输来自物联网采集的数据信息，在农业物联网上主要反映为大规模农田信息的采集与传输；第三层是应用层，该系统可以通过数据处理及智能化管理、控制来提供农业智能化管理，结合农业自动化设备实现农业生产智能化与信息化管理，达到农业生产中节省资源、保护环境、提高产品品质及产量的目的。农业物联网的 3 个层次分别赋予了物联网能全面感知信息、可靠传输数据、有效优化系统及智能处理信息等特征。农业物联网技术的 3 个层面如图 1-10 所示，农业物联网 3 个层面中包括的内容如图 1-11 所示，种植业的细分技术层面如图 1-12 所示。

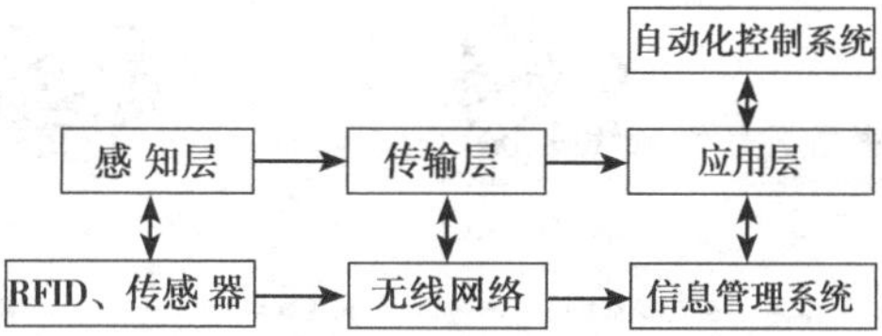


**图 1-10　农业物联网的 3 个层面**

## 二、农业物联网的特点

物联网无线自组织网络在国内外研究应用非常广泛，尤其在工业控制领域。物联网的组网通信协议研究也随之成为研究热点。但物联网应用环境不一样，往往导致它的通信协议并不一定完全兼容于其他场合，如环境监测、农场机械、精准灌溉、精准施肥、病虫害控制、温室监控、大田果园监控、精准畜牧等。不同的应用环境需要不同的组网方式。传统的无线网络包括移动通信网、无线局域网、蓝牙技术通信网络等，这些网络通信设计都是针对点对点传输或多点对一点传输方式。然而物联网的功能不仅是点对点的数据通信，在通信方面还有更高的目标和措施。

20 世纪末以来，美国、日本等发达国家和欧洲都相继启动了许多关于无线传感器网络的研究计划，比较著名的计划有 SensorIT、WINS、SmartDust、SeaWeb、Hourglass、Sensor Webs、IrisNet、NEST。之后，美国国防部、航空航天局等多渠道投入巨资支持物联网技术的研究与发展。然而，农业物联网所处物理环境及网络自身状况与工业物联网有本质区别。农业物联网的主要特点如下。

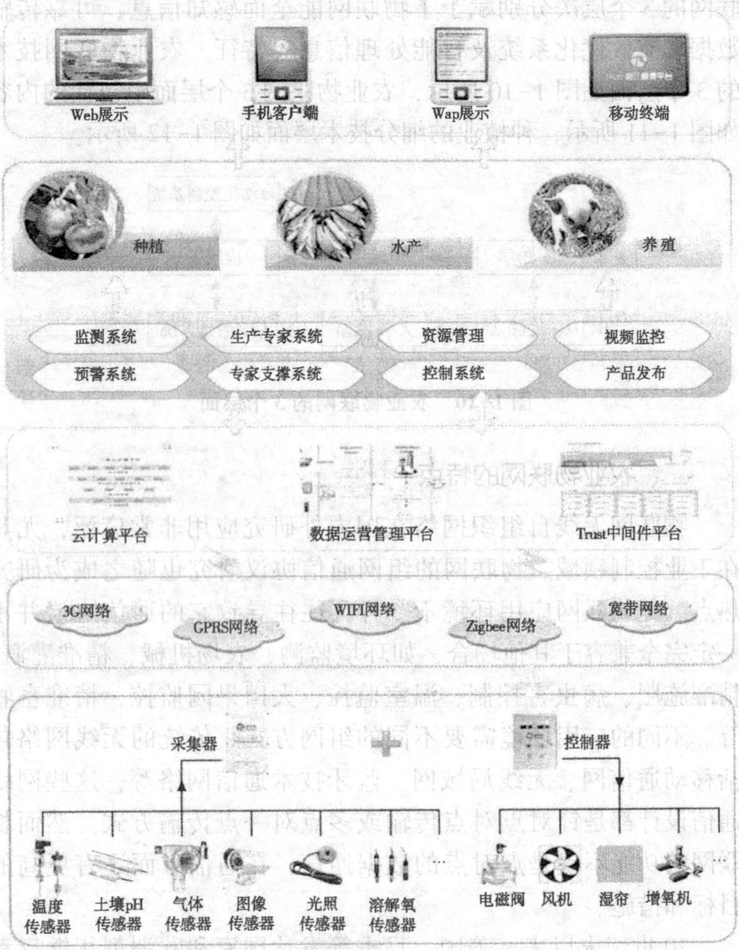


**图 1-11　农业物联网基本构成框架**

### （一）大规模农田物联网采集设备布置稀疏

农业物联网设备成本低、节点稀疏，布置面积大，节点与节点间的距离较远。对于实际农业生产而言，目前，普通农作物收益并不高，农田面积大、投入成本有限，大规模农田在物

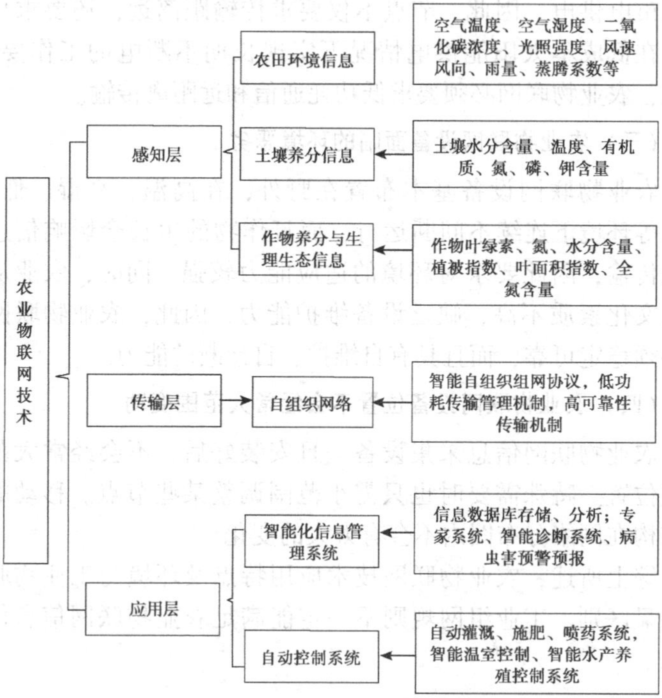


**图 1-12　农业物联网种植智能化系统构成**

联网信息投入方面决定了大面积农田很难密集布置传感节点。另外，大面积地在农田里铺设传感节点不仅给农业作业带来许多干扰，特别对农业机械化作业形成较大的阻碍，也会给传感节点的维护带来诸多不便，导致传感网络维护成本过高等。在大规模农田里，农业大田环境可以根据实际情况划分成若干个小规模的区域，每个小区里可以近似地认为环境相同、土质和土壤养分含量基本相同。因此，在每一个小区里铺设一个传感器节点基本可以满足实际应用需要。

**（二）农业传感节点要求传输距离远、功耗低**

对于较大规模的农田，物联网信息采集节点与节点之间的距离往往会比较大。由于布置在农田中，节点一般无人维护，也无市电供电。因此，节点不仅要求传输距离远，还要求功耗小，在低成本太阳能供电情况下实现长期不断电的工作要求。因此，农业物联网必须要求低功耗通信和远距离传输。

**（三）农业物联网设备面临的环境恶劣**

农业物联网设备基本布置在野外，在高温、高湿、低温、雨水等环境下连续不间断运行，而且作物的生长会影响信息的无线传输，因此要求对环境的适应能力较强。同时，农业从业人员文化素质不高，缺乏设备维护能力，因此，农业物联网设备必须稳定可靠，而且具有自维护、自诊断的能力。

**（四）农业物联网设备位置不会经常大范围变动**

农业物联网信息采集设备一旦安装好后，不会经常大范围调整位置。特殊需要时也只需小范围调整某些节点。移动的节点结构在网络分布图内不会有太大的变化。

综上所述，农业物联网技术应用特点及环境与工业物联网有明显区别。工业组网规则不一定能满足农业物联网信息传输需求。

## 三、农业物联网的应用

整体来说，目前，一些农业信息感知产品在农业信息化示范基地开始运用，但大部分产品还停留在试验阶段，产品在稳定性、可靠性、低功耗等性能参数上还与国外产品存在一定的差距，因此，我国在农业物联网上的开发及应用还有很大的空间。

近十年来，美国和欧洲的一些发达国家和地区相继开展了农业领域的物联网应用示范研究，实现了物联网在农业生产、资源利用、农产品流通领域、精细农业的实践与推广，形成了一批良好的产业化应用模式，推动了相关新兴产业的发展。同时还促进了农业物联网与其他物联网的互联，为建立无处不在的物联网奠定了基础。我国在农业行业的物联网应用，主要实现农业资源、环境、生产过程、流通过程等环节信息的实时获取和数据共享，以保证产前正确规划以提高资源利用效率，产中精细管理以提高生产效率、实现节本增效，产后高效流通、实现安全溯源等多个方面，但多数应用还处于试验示范阶段。

**（一）大田种植方面**

国外，Hamrita 和 Hoffacker 应用 RFID 技术开发了土壤性质监测系统，实现对土壤湿度、温度的实时检测，对后续植物的生长状况进行研究；Ampatzidis 和 Vougioukas 将 RFID 技术应用在果树信息的检测中，实现对果实的生长过程及状况进行检测；美国 AS Leader 公司采用 CAN 现场总线控制方案；美国 StarPal 公司生产的 HGIS 系统，能进行 GPS 位置、土壤采样等信息采集，并在许多系统设计中进行了应用。国内，基于无线传感网络，实现了杭州美人紫葡萄栽培实时监控；高军等基于 ZigBee 技术和 GPRS 技术实现了节水灌溉控制系统；基于 CC2430 设计了基于无线传感网络的自动控制滴灌系统；将传感器应用在空气湿度和温度、土壤温度、$CO_2$ 浓度、土壤 pH 值等检测中，研究其对农作物生长的影响；利用传感器、RFID、多光谱图像等技术，实现对农作物生长信息进行检测；中国农业大学在新疆建立了土壤墒情和气象信息检测试验，实现按照土壤墒情进行自动滴灌。

**（二）畜禽养殖方面**

国外，Hurley 等进行了耕牛自动放牧试验，实现了基于无线传感器网络的虚拟栅栏系统；Nagl 等基于 GPS 传感器设计了家养牲畜远程健康监控系统；Taylor 和 Mayer 基于无线传感器，实现动物位置和健康信息的监控；Parsons 等将电子标签安装在 Colorado 的羊身上，实现了对羊群的高效管理；荷兰将其研发的 Velas 智能化母猪管理系统推广到欧美等国家，通过对传感器检测的信息进行分析与处理，实现母猪养殖全过程的自动管理、自动喂料和自动报警。国内，林惠强等利用无线传感网络实现动物生理特征信息的实时传输，设计实现了基于无线传感网络的动物检测系统；谢琪等设计并实现了基于 RFID 的养猪场管理检测系统；耿丽微等基于 RFID 和传感器设计了奶牛身份识别系统。

### （三）农产品物流方面

国外，Mayr 等将 RFID 技术应用到猪肉追溯中，实现了猪肉追溯管理系统。国内，谢菊芳等利用 RFID、二维码等技术，构建了猪肉追溯系统；孙旭东等利用构件技术、RFID 技术等，实现了柑橘追溯系统；北京、上海、南京等地逐渐将条形码、RFID、IC 卡等应用到农产品质量追溯系统的设计与研发中。

## 第三节　农业物联网现状和发展趋势

### 一、物联网规模商用的机遇与挑战

物联网面临十分广阔的商业机遇，其用途广泛，涵盖智能交通、环境保护、政府工作、公共安全、平安家居、智能消防、工业监测、老人护理、个人健康、水系监测、食品溯源、情报搜集等领域，使人类能够以更加精细的方式管理生产和生活，达到“智慧”状态，从而节约成本，提高资源利用率和生产力水平，改善人与自然的关系。尽管如此，物联网在规模商用方面仍面临严峻挑战。

#### （一）物联网面临的商业机遇

物联网是继计算机、互联网与移动通信网之后的又一次信息产业浪潮。到目前为止，物联网发展已具备了一定的产业基础，蕴含着信息产业发展的新机遇。据美国权威咨询机构 Forrester Research 预测，到 2020 年世界上物物互联的业务，跟人与人通信的业务相比，将达到 30∶1。因此，物联网又被称为下一个万亿级的通信业务，具有广阔的发展前景。2015 年全球物联网市场规模达到 624 亿美元，同比增长 29%。到 2018 年全球物联网设备市场规模有望达到1 036亿美元，2013—2018 年复合成长率将达 21%，2019 年新增的物联网设备接入量将从 2015

年的 16.91 亿台增长到 30.54 亿台。

物联网被认为具有比目前人与人通信市场更大的发展潜力，是电子信息产业新的增长点。国家十三五规划纲要明确提出：积极推进云计算和物联网发展，夯实互联网应用基础；实施农业物联网区域试验工程，推进农业物联网应用，提高农业智能化和精准化水平，可见物联网已成为行业应用的基础，并开始向各行业加速渗透，融合集成创新能力愈发强大。

总体上看，我国对于物联网的研发和应用仍处于起步上升阶段，一些具备一定规模的物联网示范应用系统已建设完成，如上海浦东国际机场防入侵应用系统等；无锡启动建设的"物联网城市"也走在了国际前列。政界、学术界和产业界一致认识到物联网的战略意义，国内在引导期以行业应用为主，政府投资示范应用工程将带动行业广泛应用，并逐渐扩展到泛行业应用，最后将达到泛在的物联网。

我国还在一些城市进行物联网应用试点，青岛市 RFID 技术应用全面开花，已在金融、工业生产、公安、工商、税务、城市一卡通、公共事业管理等十多个领域中应用推广；杭州市市民卡应用逐步深入，累计发卡 217 万张；北京市市政交通一卡通刷卡交易量全国第一，全部公交车、地铁及出租车上开通应用，累计发卡超过 3 447 万张；广州市"羊城通"，集公交通、电信通、商务通于一身，发卡量超过1 200万张。

与此同时，我国传感器市场近年来保持较快的发展态势，增长速度超过 30%。据统计，2012 年，我国传感器主要应用于工业、汽车电子产品、通信电子产品、消费电子产品专用设备等领域，其中，工业和汽车电子产品占市场份额的 42.5%，市场规模达到 160 亿元人民币，整个传感器市场产值突破 500 亿元人民币。

在产业迅速发展的同时，中国物联网的应用也加快了进程。以物联网 RFID 技术为例，其应用领域不断拓展，正在从以身份识别、电子票证为主，向资产管理、食品药品安全监管、电子文档、图书馆、仓储物流等物品识别拓展；从低高频的门禁、二代身份证应用逐步向高速公路不停车收费、交通车辆管理等超高频、微波应用拓展。目前，中国有物联网相关企业（RFID）数百家。上海、天津、无锡、深圳、沈阳、武汉、成都等地已建立了射频识别技术（RFID）产业园区。

新的物联网商业运营模式也正在积极探索中。中国银联2010年3月16日宣布由中国银联联合有关方面研发的新一代手机支付业务目前已进入大规模试点阶段，这预示着手机支付已开始进入规模化。运营商也在积极地推进物联网相关业务。中国移动入股浦发银行被市场解读为物联网进一步发展的标志性事件，此举更是打破手机支付业务的制度屏障，彰显国家层面上对手机支付的支持力度。

物联网快速发展将信息化进一步拓展到社会生活的方方面面，逐渐产生各个行业的智能化应用。因而在物联网产业的应用推广中，具备丰富行业经验、领先技术优势、已有大量用户积累的信息化提供商，将受益于物联网这一新兴产业的快速推进，并获得广阔的市场空间。

中国物联网市场蕴藏着巨大的商机，物联网主要的投资机会集中在终端设备、网络运营、系统集成、应用服务提供等领域。海量数据传输和处理需求对传输网络提出了更高的要求，这将促使运营商对现有网络进行扩容和升级，给通信设备制造商提供难得的发展机遇。

据业内人士分析，从物联网产业链环节受益时间的角度来看，在物联网的发展中首先受益的是RFID和传感器厂商，接着是系统集成商，最后是物联网运营商。主要有以下原因。

（1）RFID和传感器需求量广泛，且厂商目前了解客户需求。

（2）物联网涉及众多技术和行业，系统集成需求巨大，且系统集成商有可能掌控上游供应商。

（3）随着物联网的发展，物联网的应用将从行业垂直应用向横向扩展，对海量数据处理和信息管理需求将随之提高，同时也将凸显物联网运营商在产业链中的重要地位。

但是从增长空间的角度看，增长最大的是物联网运营商，其次是系统集成商，最小的是RFID和传感器厂商。主要有以下原因。

（1）未来物联网具有海量信息的处理和管理需求、个性化的数据分析要求等特点，将催生物联网运营商的需求量，且未来很可能形成寡头垄断的格局。

（2）系统集成的需求将远高于目前电信网和互联网的需求。

（3）RFID和传感器厂商等传统支撑性核心技术很可能形成完全竞争的格局。

互联网、电信网、广播电视网已经建立起覆盖范围巨大的基础设施网络，为我国物联网发展提供了运行的重要基础条件，并且积累了网络应用的经验，同时，在传感器、RFID、二维码的感知和识别、网络通信和应用等技术领域的积累也为物联网的发展奠定了基础，为物联网的商业模式的探索提供了良好的机会。

物联网应用领域众多，需求差异大，并且不同应用领域面临不同业务模式的考验。需要对物联网的业务运营和管理模式进行研究，探讨适应物联网产业发展的全新的、差异化的业务运营模式，探索不同行业领域的商业模式，以促进物联网的快速大规模部署和应用。

**（二）物联网面临的商业挑战**

物联网产业的丰富繁荣，需要借助商业化运营的推动，建立共赢的、良性循环的产业链条，所以应该从服务社会的商业运营角度出发，确定物联网的总体架构和技术实施路线。只有通过商业运营，进一步明确各自的产业定位，才能构建有序和良性的竞争和合作环境，从而带动产业的进一步创新，避免仅停留在“试验和示范”的层面，快速实现成果的商业转化。

物联网作为一个概念整体提出，必定将带来一场大的技术和商业模式的革命，新的技术也要适应于商业模式的革命。在物联网产业链中，物联网运营及服务提供商主要是为客户提供统一的终端设备鉴权、计费等服务，实现终端接入控制、终端管理、行业应用管理、业务运营管理、平台管理等服务。

据报道，目前，国外物联网推广存在3种主要的商业模式。

1. 系统集成商为客户提供服务

系统集成商采购设备制造商提供的物联网设备，加上自己或者第三方的软件应用，组合成完整的解决方案提供给客户。这种模式是目前RFID和传感网业务的主要模式，目前很多企业集系统集成商、设备制造商于一身，同时生产设备和提供服务；而另一些企业（如IBM公司）就通过采购标签和读写器设备，通过自己的软件来组成解决方案。

2. 物联网移动虚拟运营商（MVNO）为客户提供服务

物联网MVNO租用电信运营商的网络为客户提供M2M服务。通常物联网MVNO拥有自己的软件平台，需要购买终端等设备来制定解决方案，因此，也起到系统集成商的作用。这种模式在美国较多，由于美国电信运营商初期对于物联网业务重视程度不高，因此，产生了一批物联网MVNO。

3. 物联网电信运营商为客户提供服务

电信运营商作为价值链的核心，集成设备、软件平台，直接为客户提供服务。这种方式在欧洲比较常见，例如，Orange、沃达丰都采用这种模式，把握整个产业链，直接为客户提供物联网业务。

形成这3种不同的商业模式的原因，主要是电信运营商缺乏RJFID、传感网、短距离通信技术的基础，在M2M业务中很少涉及这些技术。目前，除蜂窝移动通信技术之外的物联网通信技术，主要由原先各领域的其他企业提供。

我国物联网市场前景广阔，但是整个行业目前尚未出现相对成熟的商业模式。物联网的运营服务市场，目前，在一些行业都是由集成商或者软件提供商等企业在承担着运营服务的角色，电信运营商也在积极布局这一市场，但总体用户规模不大。

我国物联网运营及服务市场受制于应用的推广，还没有发展起来。未来，随着物联网应用范围的不断扩大，运行状态、升级维护、故障定位、维护成本、运营成本、决策分析、数据保密等运营管理的需求将越来越多，对运营及服务提供商的要求也将非常高。

与物联网业务特点契合的创新型业务运营和管理模式是物联网大规模推广的必要条件。传统的电信业务运营和管理模式为：以信息传输为主，感知信息服务缺乏；不同的应用独立研究应用需求、独立设计系统特征、独立运营服务，应用间无技术、设备、系统、服务等方面的共享机制。这一模式只能满足单一行业的应用需求，无法适应物联网应用场景多样化的特点，无法满足物联网业务运营和管理的要求。

我国在移动通信网和互联网的设备制造、系统集成和网络运营等领域已形成比较成熟的面向传统电信产业的产业链体系，这对物联网产业链体系的培育提供了支撑，但是传统电信产业链环节不能直接替代物联网产业链环节。

在技术领域，物联网技术包括使物体设备具有感知、计算、执行和通信能力的技术，还包括信息的传输与处理技术。物联网技术体系包含的基础性技术很多，存在着零散、发展水平不一致等问题，难以形成核心技术，导致大量采用国外技术，在专利方面受制于人，在信息安全方面没有保障。技术体系的零散导致物联网行业难以成为一个整体，制约了物联网产业的发展。

在核心技术上，传感器、芯片、关键设备制造的研发能力还不够，以传感器为例，由于在技术和生产能力上同发达国家还有较大差距，产品技术档次低，品种规格不齐全，国内传感器产品还远不能满足国内需求，特别是一些高档传感器、MEMS传感器、汽车用传感器以及专用配套传感器等，仍然主要依赖进口。在一定程度上制约了物联网的发展，据报道，全球传感器种类约有2万种，而国内仅有3 000多种，尚有大量的品种短缺，一些高档传感器仍然主要依赖进口。国际传感器巨头纷纷进入，对我国高科技含量传感器的生产及研发构成了很大的威胁。

物联网的整个标准体系尚未完全建立，技术标准没有实行统一，不利于不同平台之间的互联互通，阻碍了物联网在各领域的发展，使得物联网各业务应用和管理平台仍处于孤立和垂直的状态，相对比较零散。在物联网发展的过渡阶段，随着业务应用种类增加以及网络规模不断扩大，标准化的需求日益迫切，不同行业平台之间亟须实现在应用、网络和终端层面的互联互通，因此，迫切需要确定统一、公认的框架，从而保障产业的和谐发展。

现在物联网应用处于初期阶段，还需要一定时间的规模化。从长远来看物联网对于整个未来的资源管理、企业的业务以及新的运营模式都会有很大的帮助，而现在许多技术还未得到大范围的推广应用，例如，传感与传输技术、数据应用及企业的应用，要将这些技术科学有效运用到物联网的产业中，还需要不断地尝试和积累。随着物联网的效益逐步被认识，在企业的推广也将会水到渠成。

当前物联网业务应用的价值链过长，包括传感器节点制造、传感网建设、行业需求方、业务集成方、网络平台建设方，业务应用分布在多个行业，其业务共有的功能、性能、资源等优势难以发挥，缺少一个能够跨行业的系统统筹协调。

目前，物联网的投资成本相对较高，例如，传感器和整个系统构建成本较高，要推广它在行业、企业和个人普遍应用和接收，仍需要积极探索其盈利模式。

综上所述，我国物联网技术已经从实验室阶段走向实际应用阶段。但总体来讲，我国物联网发展还处于起步阶段，不仅规模不够，相关产业链的稳固性和延伸性也不够，盈利模式还需根据市场规律进一步探索。

**（三）采取的有效措施**

物联网商业模式是物联网应用的重要环节，从物联网应用需求出发，结合产业发展需求，提出总体性框架建议，促进共赢的和良性的商业运营模式建立，解决当前物联网产业发展的重大问题，需要从以下两方面把握物联网的机会。

1. 从物联网应用需求分析和产业链挖掘商业机遇

通过广泛调研物联网应用需求，梳理物联网应用场景，提炼共性的层次模型。在目前业界认同的包含感知互动层、网络传输层以及应用服务层的总体框架基础上，需要充分考虑电信运营需求，明确提出在应用服务层和网络传输层之间引入运营管理层面，从而实现对业务和网络的适配和有效衔接，并从终端管理、网络接入适配、业务管理、业务接入适配、业务定制、对外接口等方面细化运营管理层面需求。

以最终用户的需求为导向，逐步完善物联网的应用市场，逐步培育在各行业的需求，让终端用户拉动产业链，结合需求配比，可以确保整个产业链在一个良性、稳定、向上的发展中茁壮成长。整个产业链的形成是一个由量变到质变的过程，产业链和商业模式的同步成熟才能推动大规模的产业应用。

根据物联网的业务应用，就业务本身的特点和对性能的要求对其进行分类，并建立业务指标，从而建立业务模型。深入研究多种网络架构的共性和差异，广泛结合融合业务应用的案例，梳理业务触发的流程，从而抽象出统一的参考框架，确定统一的系统功能模块和关键接口定义。根据某些业务应用的需求和多业务应用整合的需求，结合网络本身的特点和移动通信网本身的发展，提出针对不同业务的网络组网方案、网络布局的策略、网络推进与发展的方案。

构建能够实现物联网数据大范围共享的综合信息服务平台。物联网的核心应用价值在于能够将物品信息实现大范围共享。

要建立广域的信息交换平台，推动不同物联网信息系统的信息交流，实现由单一系统信息共享向多系统信息共享的转变；重点推进基于不同网络和系统间跨平台信息共享，加强跨平台的物联网信息服务体系和机构的建设，建立行业应用的物联网信息“分散存储、统一交换”的共享体系。

加强物联网信息共享基础研究，重点开发基于不同系统的跨平台交换技术，推进物联网应用。建立广泛的物联网信息采集体系和信息共享体系，在行业物联网应用信息便捷处理和共享的同时，重点建设跨行业、跨区域的物联网应用信息共享体系的信息平台，重点推进跨区域、跨行业的物联网应用信息交换体系的建立。

以技术为依托，建立统一的网络融合参考框架，为进一步的关键技术和产业合作提供统一的出发点，有利于统一认识，有助于多网络融合应用方案的规模化商用。

2. 多方共同探讨，创造多方共赢商业模式

推动物联网长效发展的关键是要真正建立一个多方共赢的商业模式，即必须使物联网真正成为一种商业的驱动力，而不是一种行政的强制力。让所有参与物联网建设的各个环节都从中受益，获得相应的商业回报，才能够使物联网得以持续快速发展。加强物联网应用创新、管理创新、模式创新，探索和建立由 IT 企业、电信运营企业、银行部门等多方参与、互利共赢的投融资模式和商业运作模式。

物联网的价值链分为三部分，分别是智能终端与系统集成、运营维护和客户服务。从智能终端与系统集成提供设备，面向企业开发物联网应用，由运营商提供连接和中间平台，由系统集成商将各种行业、各种设备、各种应用集中起来，客户服务为用户提供基本服务和增值服务。

以电信运营企业为例，需要积极研究在物联网背景下的电信运营业务和技术发展策略，充分利用现有网络自身的综合资源，提供端到端的综合服务，提供高附加值产品，提升核心竞

争力，形成规模化应用的行业解决方案和商业运行模式。

对电信运营企业来说，需要从企业的外部环境和内部需求出发，结合自身的能力优势，针对不同应用领域的特点，确定不同的产业定位，从而构建包括应用领域、基础能力和产业角色等多维度的合作体系框架。

对电信运营企业来说，需要基于多维度视角明确其在物联网产业布局中的发展定位。由于物联网应用的需求多种多样，每种应用对所需要的电信运营企业的基础能力要求不同，所以不能简单地从某些孤立的行业应用确定电信运营企业在物联网中的产业定位，而需要建立多维度的产业分析模型，针对具体应用的不同需求选择不同的产业定位。

## 二、农业物联网发展需求与趋势

作为农业信息化发展高级阶段的农业物联网正展现出其蓬勃的生命力，随着农业物联网关键技术和应用模式的不断熟化，农业物联网正从起步阶段步入快速推进阶段。科学分析农业物联网发展面临的机遇和挑战，准确把握农业物联网趋势和需求，针对性制定推进农业物联网发展的相关对策，对推动我国现代农业发展具有重要意义。

农业物联网关键技术与产品的发展需经过一个培育、发展和成熟的过程，其中，培育期需要 2～3 年，发展期需要 2～3 年，成熟期需要 5 年，预计农业物联网的成熟应用将出现在十三五末期即 2020 年左右。总体看来，我国农业物联网的发展呈现出技术和设备集成化、产品国产化、机制市场化、成本低廉化和运维产业化的发展趋势。

从宏观来讲，物联网技术将朝着规模化、协同化和智能化方向发展，同时，以物联网应用带动物联网产业将是全球各国物联网的主要发展趋势。农业物联网的发展也将遵循这一技术发展趋势。随着世界各国对农业物联网关键技术、标准和应用研究的不断推进和相互吸收借鉴，随着大批有实力的企业进入农业物联网领域，对农业物联网关键技术的研发重视程度将不断提高，核心技术和共性关键技术突破将会取得积极进展，农业物联网技术的应用规模将不断扩大；随着农业物联网产业和标准的不断完善，农业物联网将朝协同化方向发展，形成不同农业产业物体间、不同企业间乃至不同地区或国家间的农业物联网信息的互联互通互操作，应用模式从闭环走向开环，最终形成可服务于不同应用领域的农业物联网应用体系。随着云计算与云服务技术的发展，农业物联网感知信息将在真实世界和虚拟空间之间的智能化流动，相关农业感知信息服务将会随时接入、随时获得。

从微观来讲，农业物联网关键技术涵盖了身份识别技术、物联网架构技术、通信技术、传感器技术、搜索引擎技术、信息安全技术、信号处理技术和电源与能量存储技术等关键技术。总体来讲，农业物联网技术将朝着更透彻的感知、更全面的互联互通、更深入的智慧服务和更优化的集成趋势发展。

**（一）更透彻的感知**

随着微电子技术、微机械加工技术（MEMS）、通信技术和微控制器技术的发展，智能传感器正朝着更透彻的感知方向发展，其表现形式是智能传感器发展的集成化、网络化、系统化、高精度、多功能、高可靠性与安全性趋势。

新技术不断被采用来提高传感器的智能化程度，微电子技术和计算机技术的进步，往往预示着智能传感器研制水平的新突破。近年来各项新技术不断涌现并被采用，使之迅速转化为生产力。例如，瑞士 Sensirion 公司率先推出将半导体芯片（CMOS）与传感器技术融合的 CMOSens 技术，该项技术亦称“Sensmitter”，它表示传感器（Sensor）与变送器（Transmitter）的有机结合，以及美国 Honeywell 公司的网络化智能精密压力传感器生产技术，美国 Atmel 公司生产指纹芯片的 Finger ChipTM 专有技术，美国 Veridicom 公司的图像搜索技术（物联网 Seek TM）、高速图像传输技术、手指自动检测技术。再如，

US0012 型智能化超声波干扰探测器集成电路中采用了模糊逻辑技术（Fuzzy-Logic Techniques，FLT），它兼有干扰探测、干扰识别和干扰报警这三大功能。

多传感器信息融合，即单片传感器系统，即通过一个复杂的智能传感器系统集成在一个芯片上实现更高层的集成化。如美国 MAXIM 公司推出的 MAX1458 型数字式压力信号调理器，内含 E2PROM 能自成系统，几乎不用外围元件即可实现压阻式压力传感器的最优化校准与补偿。MAX1458 适合构成压力变送器/发送器及压力传感器系统，可应用于工业自动化仪表、液压传动系统、汽车测控系统等领域。

智能传感器的总线技术现正逐步实现标准化、规范化，目前传感器所采用的总线主要有以下几种：Modbus 总线、SDI-12 总线、1-Wire 总线、I2C 总线、SMBus、SPI 总线、Micro Wire 总线、USB 总线和 CAN 总线等。

**（二）更全面的互联互通**

农业现场生产环境复杂，涉及大田、畜禽、设施园艺、水产等行业类型众多，所使用的农业物联网设备类型也多种多样，不同类型、不同协议的物联网设备之间的更全面有效的互联互通是未来物联网传输层技术发展的趋势。

无线传感器网络和 3G 技术是未来实现更全面的互联互通的关键技术。基于无线技术的网络化、智能化传感器使生产现场的数据能够通过无线链路直接在网络上进行传输、发布和共享，并同时实现执行机构的智能反馈控制，是当今信息技术发展的必然结果。

无线传感器网络无论是在国家安全，还是国民经济诸方面均有着广泛的应用前景。未来，传感器网络将向天、空、海、陆、地下一体化综合传感器网络的方向发展，最终将成为现实世界和数字世界的接口，深入到人们生活的各个层面，像互联网一样改变人们的生活方式。微型、高可靠、多功能、集成化的传感器，低功耗、高性能的专用集成电路，微型、大容量的能源，高效、可靠的网络协议和操作系统，面向应用、低计算量的模式识别和数据融合算法，低功耗、自适应的网络结构，以及在现实环境的各种应用模式等课题是无线传感器网络未来研究的重点。

目前，农业物联网系统一般采用通用分组无线业务（GPRS）来进行数据的传输。GPRS 通常称为 2.5 代通信系统，它是向第三代移动通信技术（3G）演进的产物，其速率通常为 100kbps 左右。3G 技术关键在于服务，农业物联网是 3G 网络非常重要的应用。它的发展一方面需要可靠的数据传输，另一方面需要借助 3G 网络提供相应的服务。因此与 3G 乃至 4G 通信技术的结合是双方发展的需求，是未来发展的方向。

尽管目前 3G 技术在我国还处于起步阶段，但随着 TD-SCDMA、WCDMA、CDMA2000 网络在我国多个城市的试商用成功，可以预见 3G 技术在不久的将来将会应用农业物联网的数据传输和服务提供中，届时农业物联网应用系统容量将会大大增加，通信质量和数据传输速率也将会大大提高。

### （三）更深入的智慧服务

农业物联网最终的应用结果是提供智慧的农业信息服务，在目前众多的物联网战略计划与应用中，都强调了服务的智慧化。农业物联网服务的智慧化必须建立在准确的农业信息感知理解和交互基础上，当前以及以后农业物联网信息处理技术将使用大量的信息处理与控制系统的模型和方法。这些研究热点主要包括人工神经网络、支持向量机、案例推理、视频监控和模糊控制等。

从未来农业物联网软件系统和服务提供层面的发展趋势看，主要解决针对农业开放动态环境与异构硬件平台的关系问题，在开放的动态环境中，为了保证服务质量，要保证系统的正常运行，软件系统能够根据环境的变化、系统运行错误及需求的变更调整自身的行为，即具有一定的自适应能力，其中，屏蔽底层分布性和异构性的中间件研发是关键。从环境的可预测性、异构硬件平台、松耦合软件模块间的交互等方面出发，建立农业物联网中间件平台、提高服务的自适应能力，以及提供环境感知的智能柔性服务正成为农业物联网在软件和服务层面的研究方向和发展趋势。

**（四）更优化的集成**

农业物联网由于涉及的设备种类多，软硬件系统存在的异构性、感知数据的海量性决定了系统集成的效率是农业物联网应用和用户服务体验的关键。随着农业物联网标准的制定和不断完善，农业物联网感知层各感知和控制设备之间、传输层各网络设备之间、应用层各软件中间件和服务中间件之间将更加紧密耦合。随着 SOA（Service Oriented Architecture）、云计算以及 SaaS、EAI（Enterprise Application Integration）、M2M 等集成技术的不断发展，农业物联网感知层、传输层和应用层三层之间也将实现更加优化的集成，从而提高从感知到传输到服务的一体化水平，提高感知信息服务的质量。

# 第二章　农业物联网传感技术

## 第一节　农业信息感知概述

### 一、农业信息感知基本概念

农业信息感知是农业物联网的基础环节，是使农业物联网系统正常运行的前提和保障，是农业物联网工程实施的基础和支撑。农业信息感知技术是农业物联网的关键技术之一，也是目前农业物联网发展主要攻克的难关，是农业物联网重点研究对象。在定义上，农业信息感知是指采用物理、化学、生物、材料、电子等技术手段获取农业水体、土壤、小气候等环境信息，农业动植物个体生理信息及位置信息，从而揭示动植物生长环境及生理变化趋势，实现农业生产产前、产中、产后信息全方位、多角度、多维度的感知，为农业的生产、经营、管理、服务决策等提供可靠的信息及决策。

农业信息感知的核心是农业传感器，其作用主要是用于采集各个农业要素信息，其中，包含种植业中的光、温、水、肥、气等参数，畜禽养殖业中的二氧化碳、二氧化硫和氨气等有害气体含量，空气中尘土、飞沫及气溶胶浓度，温湿度等环境指标参数，水产养殖业中的酸碱度、溶解氧、氨氮、浊度和电导率等参数。

### 二、农业信息感知体系框架

农业信息感知系统框架如图 2-1 所示。农业信息感知的关键技术领域，包括植物和动物生理信息感知、农业生产中的环境信息感知、农业生产目标个人识别信息感知、农业空间信息等。农业生产环境感知包含农业水环境和气象信息感知、作物生长和土壤信息感知、农业信息感知覆盖农业产前、产中和产后获取信息从生产环境到动植物个体信息，农业信息传感技术的使用，有效地解决农业问题，为农业智能获取信息管理和决策提供可靠的数据来源和技术支持。

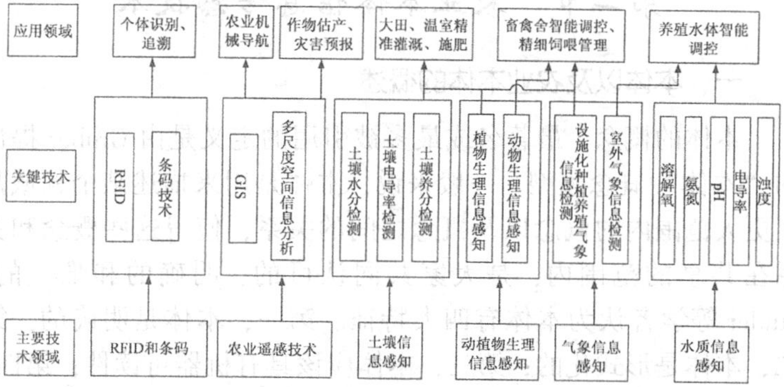


**图 2-1 农业信息感知体系框架**

在水产养殖方面，利用传感器对水体温度、溶解氧、pH值、氨氮、盐度、浊度、COD和BOD等对水产品生长环境有重大影响的环境参数进行实时采集，为水质控制提供科学依据，使水产养殖更加的专业化、智能化和安全化，提高了水产养殖的产品数量和质量，提高水产养殖的经济效益。

在大田种植方面，利用传感器可以对目标监测区内的空气温湿度、土壤温湿度、土壤pH值、二氧化碳浓度和光照强度等农业环境信息进行实时采集，为精准农业环境监测提供有效的解决方案，为指导农业精准灌溉、变量施肥、干旱预警和疾病预警、作物估产等提供信息和技术支持，使农业部门制定出更加有效地提高农作物产量的方法。

在畜禽养殖方面，利用传感器可以采集畜禽养殖环境以及动物的行为特征和健康状况等信息，为畜禽养殖环境智能监控、精心化喂养提供技术支撑，并且能够利用RFID技术快速反应、溯本逐源，确定农产品质量问题所在。

农业信息感知技术通过获取动植物生长环境信息（水质、土壤、气象）、个体生理信息、空间信息，实现对农业生产全过程，整链条信息监测，可有效提高农业生产效率，促进农业生产高效、健康、安全、环保和可持续发展。

## 第二节　农业本体信息传感技术

### 一、本体以及农业本体的概述

本体的概念，最著名或最多被引用的定义是由 Gruber 提出的“本体”概念模型。一般来说，本体是用来描述某个领域甚至更大范围内的概念以及概念之间的关系，使得这些概念和关系在共享的范围内，是大家共同认可的、明确的和唯一的。Studer 等学者认为本体有四大特征。第一，本体是明确的；第二，本体是形式化的；第三，本体应该具有机器可读性；第四，本体是概念化的。

农业本体是一个包括农业术语、定义以及术语间关系规范说明的体系，是农业学科范畴中概念、概念与概念间的相互关系的形式化表达，是一个强大的农业主题词表，除了能够提供农业主题词表中内在的基础关系外，还能够创造更多更正式的特殊关系。

### 二、农业本体信息传感的概述

传感信息的有效获取与处理是物联网能够全面感知物理世界，实现人、机、物自然交互的重要基础。传统的传感信息获取与处理以数据为中心，往往丢失了数据获取时的过程信息，缺乏数据出处源的描述及必要的语义关联。这种碎片化、缺乏语义关联的数据获取及处理方式，显然是数据信息共享、重用及互操作的最大障碍。本体论描述方法能够在不同粗细粒度上对传感信息的获取和处理过程进行描述，并有效地对传感信息进行语义标注关联。

将传感器网络接口——信号接口标准融入智能传感器的研

制中，运用嵌入式及软硬件模块可重用思想设计了智能传感器与传感节点，实现了对采集原始数据出处源标注的功能。运用本体论描述对象概念及其关系属性的方法，充分借鉴国内外已有传感器信息本体和知识，并在制定的传感器网络接口标准规范下，构建传感器及感知数据的本体描述框架，应用于传感信息的分类存储和指导新型传感器的研制；根据软件自适应交互策略，构建传感器自适应信息交互模型本体，实现传感数据信息的交互式获取和基于情境感知的按需采集的功能；运用粗糙集与模糊聚类网络进行本体属性集约，优化本体的最小概念集，实现基于本体表示与描述的传感信息融合；通过出处源本体描述框架，对传感数据进行语义标注，为传感数据的检索提供溯源支持，并运用本体查询语言完成传感数据的上下文检索。

## 第三节 土壤信息传感技术

### 一、概述

土壤是农作物生存和生长的物质基础。土壤信息传感技术是指利用物理、化学等手段和技术来观察、测试土壤的物化参数的变化，对影响作物生长的关键环境因素在线监测和分析，为农业生产决策提供可靠的数据来源。

土壤在作物的生长过程中起到了重要的作用，所以对于基于决策的作物生产管理，土壤信息是必需的。传统的土壤取样获取土壤信息技术耗时且成本高，尤其是对于大规模农田土壤信息测量，一些近地面的可连续测量的土壤信息传感器技术能够提供高精度的数字土壤信息地图，为农业生产智能化管理提供了准确的土壤信息数据。

土壤属性信息是农田信息的重要研究对象，包括土壤含水率、有机质含量、pH 值、电导率、土壤耕作阻力、土壤养分等信息。对这些农田信息的准确测量、管理和控制，有利于农田的经营管理和决策，也能帮助预测农作物的产量。而土壤中的含水率的测定研究是最为广泛的，技术相对成熟，测定方法种类多。土壤含水率信息将直接影响着农作物的种植。

## 二、土壤含水率传感技术

在农业生产中，一直在研究土壤水分的测量，各种测量技术不断革新，形成了鲜明特色的当代土壤水分测量技术。对土壤水分的测量，可以从以下几个方面进行，一类是直接测量土壤的重量含水量或容积含水量，如取样称重烘干法、中子仪法、测量土壤传导性等的各种方法；另一类是测量土壤的基质势，如干湿计法、张力计法、电阻块法等；还有一类非接触式的间接测量方法，如地面热辐射测量法、远红外遥测法、声学方法等。

按照测量原理，可将土壤水分监测仪器分成以下几种类型。

（1）时域反射型仪器（TDR）：通过测量土壤中的水和其他介质介电常数之间的差异的原理，采用时域反射测试技术研制出来的仪器，它的优点是能快速、便捷和能连续观测土壤含水量。

（2）时域传输型仪器（TDT）：TDT 技术的特点是电磁波在介质中的传播是单程的，只需检测电磁波单向传输后的信号，并不需要获取反射后的信号。该技术是基于土壤介电常数的差异性原理来测定土壤含水率的。

（3）频域反射型仪器（FDR）：FDR 的基本原理是插入土壤中的电极与土壤（土壤被当作电介质）之间形成电容，和高频震荡器形成 1 个回路。该技术的特点是通过特殊设计的传输探针产生高频信号，使传输线探针的阻抗随土壤阻抗变化而变化。

（4）中子水分仪器（Neutronprobe）：中子水分计由高能放射性中子源和热中子探测器两部分构成。中子源向各个方向发射能量范围 0.1~10.0 M 电子伏特的快中子射线。在土壤中，快中子迅速被周围的介质减速为慢中子，其中，主要是被水中的氢原子影响，在探测器周围形成密度与水分含量相关的慢中子

“云球”散射到探测器的慢中子并产生电脉冲，且被计数；其原理是在1个指定时间内被计数的慢中子的数量与土壤的体积含水量相关，中子计数越大，表明土壤含水量越大。

（5）负压仪器（Tension Meter）：负压仪器是测量非饱和状态土壤中张力的仪器。它的原理和植物根系从土壤中获取水分的抽吸方式很类似，它有要测量的参数是作物要从土壤中汲取水分所施加的力。

（6）电阻仪器（Resister Method）：通常用多孔介质块石膏电阻块测量土壤水分，但是其灵敏度低，目前，应用不多。

## 第四节 农业气象信息传感技术

### 一、概述

在新的形势下，气象部门如何利用现代化的信息技术为农业生产提供更加全面的保障，正在成为各地区气象部门共同发展的目标，随着社会经济发展速度的加快，信息技术水平的提高，我国农业生产也取得了突飞猛进的发展，同时，对于气象服务的需求也逐步提高。农业气象信息传感技术是通过采用物理、化学等技术和手段观察、测试农业小气候的物化参数的变化，在线监测分析对影响农业生产的关键环境因素，为农业生产决策提供可靠的数据信息来源。

农业气象观测大致可分为两种方法，一类是传统农业气象观测，另一类是基于传感器技术的农业气象自动采集。传统农业气象观测主要依靠人工的方式，在农田现场定点、定期获取农业气象信息，并逐级上报相关部门。该方法的缺点是耗费人力、物力，并且信息传递的时效性和客观性比较差。基于传感器技术的农业气象自动采集是现代农业的重要技术手段，其应用涵盖了农业气象采集的各个方面，如农田小气候、农作物理化参数以及农业灾害等。总的来看，基于传感器技术农业气象自动采集方法不仅受地域限制，而且在实时性和自动化方面具有传统农业观测无法比拟的优势。

农业气象信息监测系统通常包括气象采集节点、数据处理中心和气象信息发布平台三部分，其中，气象采集节点作为获取农业气象的直接手段，在检测系统中发挥了无可替代的作用，一般气象采集节点集成了大气压力传感器、温湿度传感器、风速风向传感器、二氧化碳传感器、太阳辐射传感器、光照传感器等。

## 二、农业气象信息传感技术的应用

### （一）农田小气候信息采集

农田小气候是指农田中作物层中形成的特殊气候，是由农田贴地气层、土层与作物群体之间的物理过程和生物过程相互作用和影响所形成的小范围气候环境，常用农田贴地气层中的空气温度与湿度、降水量、风速与风向以及土壤温度与湿度、光照强度等农业气象要素的量值来表示，它是影响农作物生长发育和产量大小的重要环境条件。采集并研究农田小气候环境，监测作物生长的实时环境，有助于农业气候资源的调查、分析和开发，评定农田技术措施效应及预测病虫害发生滋长等。

### （二）农田小气候采集系统组成

该套装置旨在采集农田小气候信息，如空气温度与湿度、风速与风向、土壤温度与湿度、光照强度、降水量等。借助于物联网技术，基于嵌入式技术、无线通信技术、微机电系统、传感器技术等，整套装置的信息来源于底层传感器采集的数据。主控制器 MSP430 是该系统的核心部分，MSP430 自带有 A/D 转换模块，所以该系统不再需要外接 A/D 转换模块。监控中心即上位机系统起着存储数据、实时监控农田小气候的作用，该系统位于整套系统最顶层。而电源模块为整套装置提供工作电源，串口显示模块实时显示采集的农田小气候信息。该套装置系统结构，如图 2-2 所示。

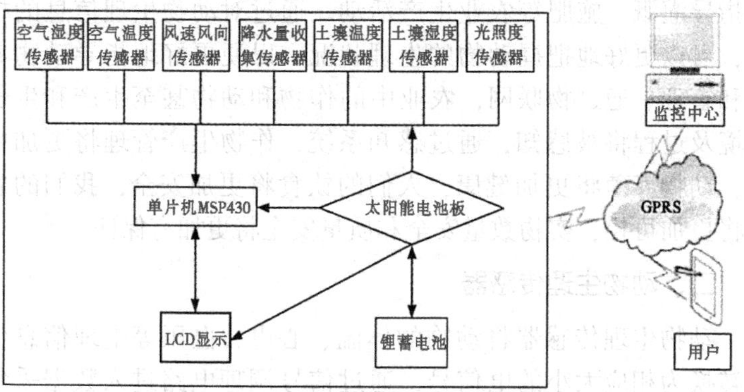


图 2-2 农田小气候信息采集装置系统结构示意图

该装置硬件组成主要由主控制器 MSP430、电源模块、通信模块、传感器模块、显示模块组成。传感器将采集到的农田小气候信息传送至主控制器 MSP430，显示屏将实时采集到的数据显示出来，再通过远程通信模块将数据传送到上位机，以达到对农田小气候的实时监测。

## 第五节 农业动植物生理信息传感技术

### 一、概述

农业动植物生理信息传感技术是指通过传感器来检测农业中动物和植物的生理信息，例如，植物的茎流、茎秆直径和叶片厚度等，以及动物的脉搏、血压和呼吸等。农作物及畜禽、水产动物的生长健康状况，直接影响到农产品的产量和品质，因此及时掌握农业动植物生理信息和生长状况，对监测农情、预防病虫害和重大动植物疫情疫病有着极其重要的作用。

农业动植物生理信息传感器是将农业中的动物和植物的生理信息转换为易于检测和处理的量的设备和仪器，是物联网唯一获取动植物生理信息的途径。通过对植物生理信息的检测，可以更好地估计植物当前的水分、营养等生理状况，从而更好地指导灌溉、施肥等农业生产活动。通过对动物生理信息的检测，可以更好地把握动物的生理状况，以便更好地指导动物养殖和管理。通过物联网，农业中的作物和动物甚至生产和生长环境及过程将被感知，通过感知系统，作物生产管理将更加精准，动物养殖将更加健康，人们的饮食将更加安全，我们的农业将更加可控，实物数量安全和质量安全将更加有保证。

## 二、动物生理传感器

动物生理传感器将动物的体温、心电、血压等生理信息信号转换为相应大小的电信号，通过信号调理电路进入数据采集卡，数据采集卡将采集到的信号进行数字化以后，将其送入 PC 机中，最后借助虚拟仪器专用开发平台完成具体的数据采集和处理的任务。

动物生理信号采集与处理系统的硬件部分由三种传感器、信号调理电路、数据采集卡、计算机、显示器、打印机及键盘组成。可检测的信号为心电信号、血压信号、温度信号。硬件系统工作原理框图如图 2-3 所示，因为传感器不同，传感器的输出信号不同，因此，信号处理的电路也不相同。处理好的信号会送入数据采集卡的 A/D 转换通道，计算机通过接口总线读入数据，进行数据的处理和显示。

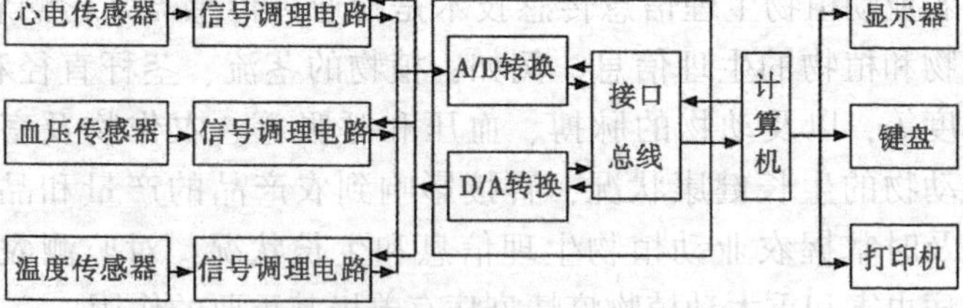


**图 2-3　动物生理传感器硬件系统工作原理框图**

## 三、植物生理传感器

智能农业的核心是利用先进的测量手段，获取植物的内外部信息来进行指导灌溉、施肥等过程。植物生理信息是指植物内部所固有的特性信息，而植物外部所具有的特性信息则称为植物生态信息。植物本身的所固有的生理参数还是以形态学参数为主，例如，茎秆直径、植株高度、叶片厚度信息等。通过相关参数可以对植物的水分、营养等信息进行估测，更好地评估植物现状。利用植物生理参数信息，可以更加精准地判断和评价植物的长势和各项经济指标，为后期的灌溉、施肥提供准确的指导。

根据植物形态学生理信息，可以设计相关的传感器，如植物茎流传感器、植物茎秆直径传感器、植物叶片厚度传感器等。通过这些传感器，并结合植物的相关生态信息，进行推演得出植物的水分、营养等信息，为植物种植提供精确的指导，实现农业生产的精准化、智能化、简约化。以下植物茎流传感器中的热平衡法检测茎流为例，叙述相关的原理。

植物茎秆的茎流量是植物重要的生理特征信息之一。植物茎流是指植物在蒸腾作用下体内产生的上升液流，它可以直接反映植物的生理状态信息。土壤中的液态水进入植物的根系后，通过茎秆的输导作用向上运送到达冠层，再由气孔蒸腾将其转化为气态水扩散到大气中去。在此过程中，茎秆中的液体一直处于流动的状态。当茎秆内液流再一次被加热，则液流携带一部分的热量向上传输，部分热量与水体进行热交换，还有一部分则以辐射的形式向周围发散。根据热传输与热平衡理论，通过一定的数学计算求得茎秆的水流通量，即植物的蒸腾速率。

热平衡法的基本思想是：在茎秆内有一定数量茎流流过的条件下，如果向茎秆的一部分提供一定数量的恒定热源，此处茎秆的温度会趋向于一个定值。在理想情况下，即不存在热量的损失时，提供的热量和被茎流带走的热量应该相等。

根据热平衡法的原理，茎流检测传感器采用的是包裹式设计。探头外壳材料是绝热塑料的，尽量减小传感器外部温度对内部检测环境造成的影响；内层由一个加热元件和两组热电堆所组成，温度测量探头既可以获得茎秆中液流运动所产生的热传输，也可用于测定直径较小的草本植物的茎秆或其他器官，如植物茎秆、小枝、苗木等。其结构示意图如图 2-4 所示，由于茎秆中水分的流动，将加热元件产生的热量向植株上端，即传感器探头中下游电堆方向输送，造成两个电堆的温度差异，并由此产生与温差相对应的电势，放大电路将此信号放大输出即可得到与茎流量对应的传感器输出信号，完成整个工作过程（图 2-5）。

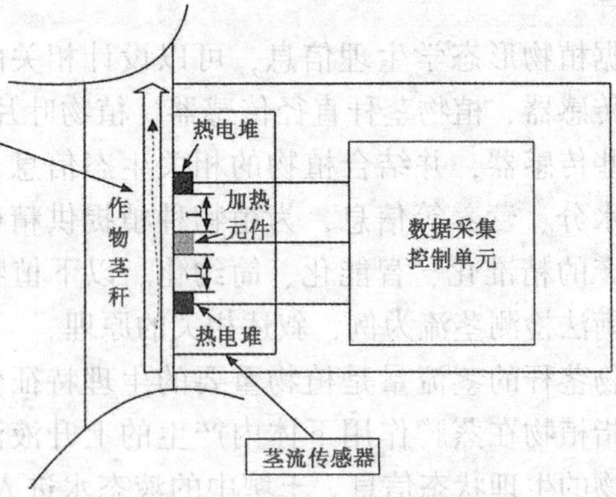


**图 2-4　茎流传感器组成及系统连接示意图**

**图 2-5　茎流传感器实物图**

# 第六节　农业个体标识技术

## 一、农业个体标识技术概述

农业个体标识和识别是实现农业精准化、精细化和智能化管理的前提条件和基础，是实现农业物联网物物相连和农业感知的关键技术之一。农业个体标识是指利用 RFID、条码等技术实现农业物联网中的每个农业个体的精确标识与描述，其主要目的是为了快速、精确地给出每个农业个体的身份、产地等相关信息，实现对动物跟踪与识别、精细作物生产、数字养殖、农产品流通等。

为了实现快速、精确地获取农业个体的相关信息的目的，需要对其进行标识。条码技术在早期起到重要作用，并且至今仍被广泛使用，但条码技术的缺点是储存量小、标签易碎、读取慢、效率低、难以实现自动识别。RFID 是一种非接触式的自动识别技术，很好地克服了条码技术的不足，因此得到青睐。但是，条码具有成本较低、保密性较好、标准统一等优点，将在很长一段时间内继续占有国内及军队的市场。综合 RFID 和条码技术的优缺点，将两者技术结合在一起运用，改善传统保障模式，实现对农业的全程控制和管理，开发一个完整的农业控制系统。农业可视化的核心，就是将 RFID 和条码技术贯穿于农业始终（生产—仓储—运输—产品销售），实现全过程严格控制的供应链。

## 二、RFID 技术

RFID（Radio Frequency Identification）是射频识别技术，是一项通过空间耦合（交变磁场或电磁场）方式利用射频信号实现无接触信息传递并将传递的信息送达到识别目的的技术。RFID 系统由电子标签、读写器和中央信息系统 3 个部分组成，电子标签可分为依靠自带电池供电的有源电子标签和无自带电源的无源电子标签。RFID 系统的工作原理（图 2-6）是：当电子标签进入读写器发出的射频信号覆盖的范围内，无源电子标签凭借感应电流所获得的能量发送至存储在芯片中的产品信息中，有源电子标签会发送某一频率的信号来传递自身的产品信息。当读写器读取到信息并解码后，会将信息送至中央信息系统进行数据处理。

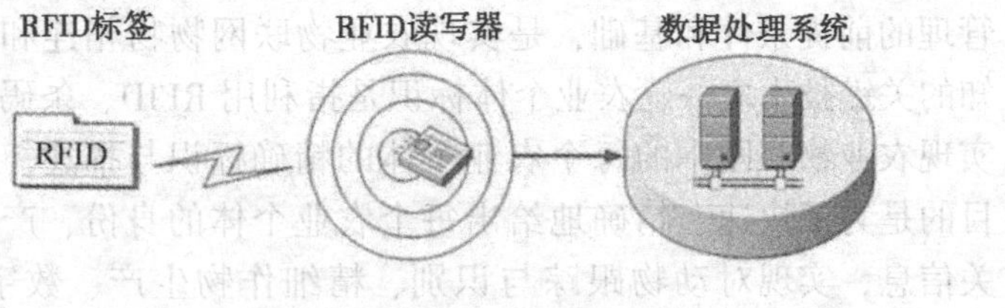


图 2-6　RFID 工作原理

在实际应用中，RFID 不仅具有数据存储量、工作频率、数据传输速率、多标签识读特征等电学参数，还能根据其内部是否需要加装电池以及电池供电的作用将 RFID 分为无源标签（Passive）、半无源标签（Semi-Passive）和有源标签（Active）3 种类型。无源标签没有内装电池，在阅读器的阅读范围之外时，标签处于无源状态，在阅读器的阅读范围之内，标签从阅读器发出的射频能量中提取其工作所需的电能。半无源标签内装有电池，但电池仅对标签内需要供电维持数据的电路或者标签芯片工作所需的电压作辅助支持，标签电路本身耗电量很小。标签在未进入工作状态之前，一直处于休眠状态，作用相当于无源标签。标签进入阅读器的阅读范围时，受到阅读器发出的射频能量的激励，进入工作状态，用于传输通信的射频能量与无源标签一样源自阅读器。有源标签的工作电源全部由内部电池供给，同时，标签电池的能量供应也会部分地转换为标签与阅读器通信所需的射频能量。

### 三、条码技术

条码技术起源于 20 世纪 40 年代，近些年来发展迅速，广泛地被应用于各行业的日常管理中。随着经济的快速发展，科技的进步，针对竞争激烈的外部环境，利用条码技术对日益增加的信息进行收集和处理，不仅可以为物资管理部门提供更快捷、便利、准确的服务，更能为实现物资管理自动化创造有利的条件。

条码由一组粗细不均的黑色线条与空白间隔构成，这些线条和空白包含着所附对象的全部数据信息。条码符号由一个光学扫描器读取，并在此种扫描器上安装了一个强烈光源（经常为激光或发光电子组件）。当扫描器对准条码符号时，黑线条吸收光，线间空白反射光，这样，明暗相间的反射图案被扫描器里的译码器读取，转换成二进制代码输入到计算机中。通常情况下，条码可以分为一维条码和二维条码两类。

一维条码是由一组黑白相间、粗细不同的条状符号组成。在一个方向上通过“条”与“空”的排列组合来存储信息，因此称为“一维条码”。这种数据编码可以供机器识读模式，而且很容易翻译成二进制数和十进制数。通常情况下，任何一个完整的一维条码都是由两侧的空白区、起始符、数据字符、校验符（可选）、终止符和供人识别字符组成的。

二维条码是用某种特定的几何图形按一定规律在平面（二维方向上）分布的黑白相间的图形记录数据符号储存信息的；在代码编制上利用构成计算机内部逻辑基础的比特流的概念，使用若干个与二进制相对应的几何图形来表示文字数值信息，并通过图像输入设备或光电扫描设备自动识别读取实现信息自动处理。图 2-7 是 2 种条码示意图的比较。

**图 2-7　一维条码和二维条码**

## 第七节 农业遥感技术

20世纪60年代以来，遥感技术是在现代物理学（包括红外技术、光学技术、微波雷达技术、激光技术和全息技术等）、电子计算机技术、空间科学、数学方法和地球科学理论的基础上发展起来的一门新兴的、综合性的边缘学科，是一门先进的、实用的探测技术，它已越来越广泛地应用在农业、地理、地质、海洋、水文、气象环境监测、地球资源勘探、军事侦察等多个方面。遥感技术在农业上应用广泛，主要包括农用地资源的监测与保护、农业气象灾害监测、农作物大面积估产与长势监测和作物模拟模型等几方面。

### 一、概述

农业遥感技术是集计算机技术，空间信息技术，数据库、网络技术于一体，依靠于地理信息系统技术和全球定位系统技术的支持，对农业资源的调整、农作物种植的结构、农作物的估产、生态环境监测等方面进行全方位的数据管理，数据分析和成果的生成及可视化输出，是目前一种相对有效的对地观测技术和信息获取手段。

在农业应用领域中，已经从早期的土地利用和土地覆盖面积估测研究、农作物大面积遥感估产研究，扩展到目前的3S集成对农作物长势的实时诊断研究、高光谱农学遥感机理的研究、应用高光谱遥感数据对重要的生物和农学参数的反演研究、模型的研究与应用以及森林动态监测、草地产量估测等多层次和多方面。计算机技术和遥感技术的发展和应用，已经使农业生产和研究从传统观念和方法的阶段进入精准农业、定量化和机理化农业的新阶段，农业研究也从经验水平提高到理论水平。

### 二、农业遥感技术应用框架

遥感技术具有覆盖面积大、重访周期短的特点，因此主要应用于大面积农业生产的调查、监测、评价和管理，其在农业中的应用归纳为下列4类。

(1) 农业资源调查：包括土壤资源、耕地资源等现状资源的调查；土地盐渍和荒漠化、农田环境污染、水土流失等动态监测；各类资源的数量、分布及变化情况，以及基于调查的各类资源评价，提出合适的对策，用于农业生产的组织、管理和决策。

(2) 农作物估产：包括水稻、小麦、玉米、棉花等农作物的长势监测和产量预测及牧草地产草量估测、果树长势监测等。

(3) 农业灾害预报：包括农作物病虫害、洪涝旱灾、冷冻害、干热风等动态监测，以及灾后作物减产、农田损毁等损失调查和评估。

(4) 精准农业：利用高空间分辨率的卫星数据对农田面积和分布的现状调查，针对农田精准化施肥、灌溉和施药，对农田尺度的作物长势、病虫害和土壤水分等信息的监测。

## 第八节　农业导航技术

### 一、概述

农业导航技术是农业物联网中农业信息感知系统的关键技术之一。其中，GPS技术主要应用于农田信息的定位采集、定位处方农作及田间农机具的定位导航上。在定位信息采集和定位处方农作方面，GPS作用主要是确定土壤信息、作物信息采样点的位置，结合土壤中含水量、氯、磷、钾、有机质含量以及作物中的病虫害、杂草分布情况等田间信息，给农业生产中的灌溉、施肥、喷药、除草等田间操作信息支持。在定位导航工作上，主要是给一些农机具安装GPS接收器，通过GPS信号精确指示机具所在地理位置坐标，起到了农业机械田间作业和管理的导航作用。

在20世纪70年代，美国开始研制GPS，并于1994年全面建成。GPS是能够在海、陆、空全方位实时三维导航与定位的新一代卫星导航与定位系统，具有全天候、自动化、高精度和高效益等显著特点。在农业领域中，GPS 技术的实时三维定位和精确定时功能，可以实时地对农田水分、杂草、肥力和病虫害、作物苗情及产量等进行跟踪和描述，此时农业机械可以将作物需要的肥料准确地送到对应的位置，而且可以将农药喷洒到准确位置。

GPS 的空间部分由 24 颗卫星组成（21 颗工作卫星，3 颗备用卫星），24 颗卫星组成全天候、高精度、全球性的精确定位系统，每天 24 小时为全球陆、海、空用户提供三维位置、速度和时间信息，它位于距地表 20 200 千米的上空，均匀分布在 6 个轨道面上（每个轨道面 4 颗），轨道倾角为 55°。卫星的分布方式使得人们在全球任何地方、任何时间都可观测到 4 颗以上的卫星，并且能在卫星中预存导航信息。但是 GPS 的一个弊端是，因为大气摩擦等问题，随着时间的推移，卫星导航精度会逐渐降低。图 2-8 为 GPS 24 颗卫星分布示意图。

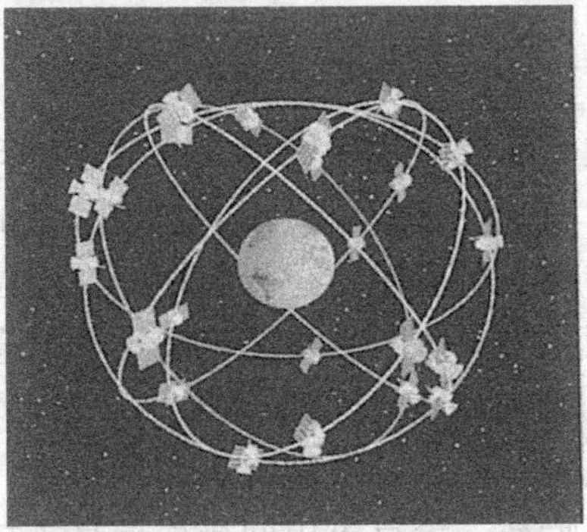

**图 2-8　GPS 24 颗卫星分布示意图**

## 二、应用方法

GPS 在农业物联网中能够进行施肥机械作业的动态定位，即根据管理信息系统发出的指令，实施对田间的精确定位。利用 GPS 进行定位的方法有很多种，按照不同的分类方式，可分为不同的定位，不同的分类方式分类情况如下。

按照参考点的位置不同，定位方法可分为以下几种。

（1）绝对定位：表示在协议地球坐标系中，利用 1 台接收机来测定该点相对于协议地球质心的位置，这种方法也叫单点定位。这里认为参考点与协议地球质心重合。GPS 定位采用的协议地球坐标系为 WGS-84 坐标系。因此绝对定位的坐标最初成果为 WGS-84 坐标。

（2）相对定位：表示在协议地球坐标系中，利用 2 台以上的接收机测定观测点相对于某一地面参考点（已知点）之间的位置。换句话说，就是测定地面参考点到未知点的坐标增量。由于星历误差和大气折射误差具有相关性，因此通过观测量求差可消除这些误差，所以相对定位的精度要远高于绝对定位的精度。

按用户接收机在作业中的运动状态不同，定位方法可分为以下几种。

（1）静态定位：在定位过程中，安置接收机在测站点上固定不动。严格意义上来说，这种静止状态只是相对的，通常是指接收机相对于周围点位没有发生变化。

（2）动态定位：在定位过程中，接收机处于运动状态。

GPS 绝对定位和相对定位中，又都包含静态和动态两种定位方式。即动态绝对定位、动态相对定位、静态绝对定位和静态相对定位。依照测距的原理不同，又可将其分为测相伪距法定位、测码伪距法定位、差分定位等。

# 第三章 农业物联网传输技术

## 第一节 农业信息传输技术概述

农业信息传输技术是指“信息采集终端—数据（信息）中心—信息服务终端”或者“信息采集终端—信息服务终端”之间的传输技术。在未来一段时间，无线移动通信技术和光纤传输是农业物联网领域最重要的两种传输技术。移动通信以其高度的机动性、灵活性将成为信息社会人们普遍采用的通信形式，并且可以与光纤通信、卫星通信相结合；光纤传输将则以其高带宽和高可靠性成为未来信息高速公路的主要传输手段。

### 一、农业信息传输基本概念

信息传输技术主要包括移动通信、光纤通信、数字微波通信和卫星通信。光纤是以光波为载频，特点是频带宽、损耗低、中继距离长、具有抗电磁干扰能力、线径细、重量轻、耐腐蚀、不怕高温等。数字微波中继通信特点为信号可以“再生”、便于数字程控交换机的连接、便于采用大规模集成电路、保密性好。卫星通信是地球上的无线电通信之间利用人造地球卫星作为中继站而进行的通信，适用于多种业务的传输，具有通信线路稳定可靠、通信质量高等优点。移动通信是在运动中实现的通信，其最大的优点是可以在移动的时候进行灵活、方便的通信。现在的移动通信系统主要包括数字移动通信系统、码多分址蜂窝移动通信系统。

农业信息传输技术主要是指将农业信息从发送端传递到接收端，并完成接受的技术。传输技术主要有无线通信技术、有线通信技术和农业信息无线传感器网络。无线通信技术是利用电磁波信号信息交换的一种技术。有线通信技术是利用电缆或者光缆作为通信传导的一种技术。农业信息无线传感器网络是由大量的静止或移动的传感器以自组织和多跳的方式组成，能够感知、采集、处理和传输网络覆盖地理区域内大量农业对象的监测信息，并将其报告给用户的无线网络。

农业信息传输层是衔接农业物联网传感层和应用层的关键环节，其主要作用为利用现有的各种通信网络，实现底层传感器收集到农业信息的传输。网络层包括各种通信网络与物联网形成的承载网络，承载网络主要是现行的通信网络，如计算机互联网、移动通信网、无线局域网等。在农业领域中运用最多的是无线传感网络（WSN）。无线传感网络是通过无线通信方式组成的一个自组织的网络系统，它由部署在监测区域内大量的传感器节点构成，将感知、采集和处理网络覆盖区域中被感知对象的信息发送给观察者。

## 二、农业信息传输技术内容

根据信号传输介质的形式，农业信息传输方式可分类为有线通信方式和无线通信方式。在有线通信方式中，其主要形式是CAN总线通信方式和基于掌上电脑的通信方式，大多应用于农田信息采集和农业机械多传感器集成；无线通信方式可分类为短距离通信（蓝牙、ZigBee、RFID等）和长距离通信（GSM、GPRS等）。蓝牙、ZigBee和RFID在温室环境监控、农产品溯源、农业物流识别等方面发挥巨大作用；而GSM、GPRS借助于移动通信网络，可以对农业信息进行远程采集和设备远程监控。

### （一）农业信息有线传输技术

#### 1. CAN总线技术

目前，控制器局域网（Controller Area Network，简称CAN）总线是国外大型农机设备普遍采用的一种标准总线，在中国现在也已成功地应用于农业温室控制系统、畜舍监视系统、储粮水分控制系统、温度及压力等非电量测量等农业控制系统。CAN总线协议在国际上已经得到标准化认证，技术比较成熟，控制芯片商品化，性价比高，非常适用分布式测控系统之间的数据通信。将基于CAN总线技术的控制系统应用到农田信息传输系统是一种非常理想的做法。如美国Ag Leader公司的Ag Leader In Sight Precision Farming System采用了CAN场总线控制方案（图3-1）。使用CAN总线可以使In Sight成为一个简单的组合网络的用户接口，从而用它来控制一些控制单元（如自动导航传感器、谷物流量传感器、湿度传感器、速度和位置传感器等），并且接收来自这些控制单元的大量信息，CAN总线可以使得系统具有可扩展性、兼容性。

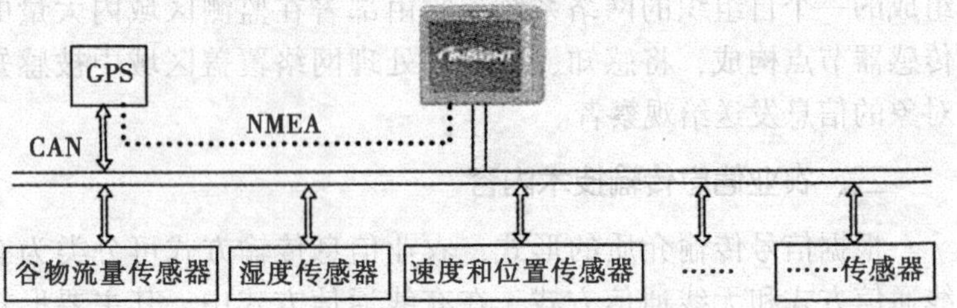


**图3-1　CAN总线控制系统框图**

2. 基于掌上电脑的通信

理想情况下，农田中所采集的信息，应当得到实时测量信息及时传到控制与存储装置，从而根据相应的位置信息和农田属性信息来控制农机作业。然而，在农田中由于PC机的体积等因素的限制，不能将其作为便携设备使用。随着掌上电脑的快速发展，让掌上电脑作为农业信息采集控制中心变成可能。国家农业信息化工程技术研究中心开发了基于背夹式DGPS设备和掌上电脑的农田信息采集系统。基本的系统框图，如图3-2所示。系统在Microsoft Embedded Visual C++3.0集成开发环境下，采用嵌入式GIS开发组件，实现掌上电脑环境下GPS、GIS功能的集成。系统由GPS实时通信和数据处理模块、农田信息采集功能模块和基于Win CE的基本GIS功能模块等组成，能够实现背夹式GPS设备与DGPS设备的实时通信和定位数据的解析。信息获取设备采集农田信息经过A/D转换器转换后，再通过串口将数据传给掌上电脑。这样，系统就能够采集农田地物分布信息和多种影响作物生长的环境差异性信息。

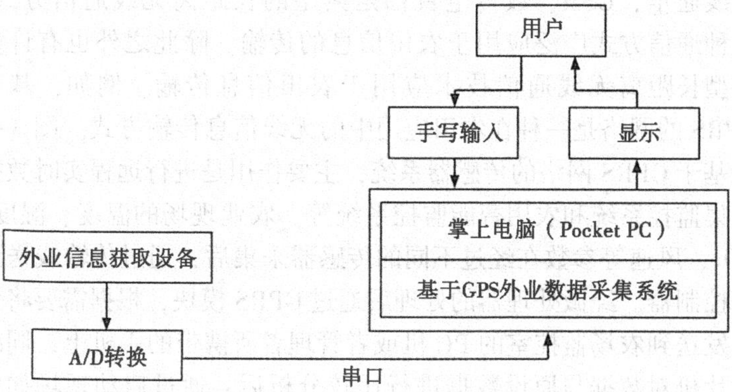


图3-2　掌上电脑信息采集系统使用基本框图

### （二）农业信息无线传输技术

根据农业信息有线传输技术的应用，目前，农田中的信息传输方式还是以有线传输方式为主，但是在某些特定的情况下，由于环境、测量方式等的影响，采用有线方式传输数据困难重重，甚至是不可能的。因此，只有采用无线方式才能实现农田信息的自动测量和自动传输。随着电子技术的不断发展，无线传输方式得到了广泛的应用。无线通信技术可以分为短距离无线通信和长距离无线通信2种通信方式。

1. 短距离无线通信

短距离无线通信技术一般是指通信收发双方通过无线电波传输信息，传输距离在较短的范围内。通常在几十米以内，就可以称之为短距离无线通信。短距离无线通信在设施农业和节水农业等方面得到了成功的示范应用，并开始向市场普及和推广。代表性的短距离无线通信方式有 RFID 技术、蓝牙（blue tooth）技术和 ZigBee 技术。

2. 长距离无线通信

超过 1 200 米的无线通信方式被称为长距离（或中长距离）无线通信，GSM、数传电台都是典型的长距离无线通信方式。这种通信方式广泛应用于农田信息的传输。除此之外也有许多新型长距离无线通信技术应用于农田信息传输。例如，基于 GPRS 的网络是一种在农田应用中的无线信息传输方式。图 3-3 是基于 GPRS 网络的传感器系统，主要作用是进行远程实时数据采集监控系统和农用智能监控系统等。农业现场的温度、湿度、$CO_2$、风速等参数在经过不同的传感器采集后，通过传输线送到微控制器。经微处理器的处理后通过 GPRS 模块，根据需要将信息发送到农场监控室的 PC 机或者管理者所携带的手机上，同时单片机对数据与原设数据进行比较分析后，通过启动现场如电机、喷药喷肥、报警系统等的执行系统完成对农场的灌溉、自然灾害的预防等控制功能等。

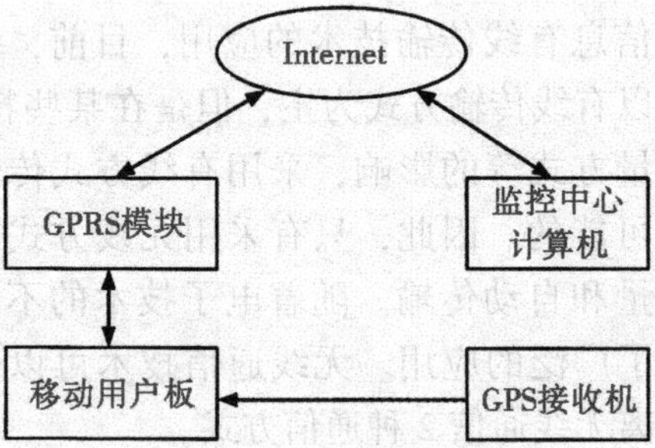


**图 3-3　基于 GPRS 无线通信方式的监控系统框图**

# 第二节　农业无线传感器网络

## 一、概述

无线传感器网络是一门融合了无线通信技术、网络技术、传感技术、嵌入式技术、分布式信息处理技术以及微机电（MEMS）技术等多种新科技并具有鲜明特色的跨学科特点的新技术。无线传感器网络是一种新兴的传感器网络。20 世纪末，美国《商业周刊》将无线传感器网络等 10 项技术列为 21 世纪最重要的技术。同时，它也将会成为继 Internet 后对人类的生活、生产方式产生深远影响的技术。Internet 改变了人们之间交流和通信的方式，而无线传感器网络技术通过转变信息世界与物理世界融合的方法来改变人与自然的交互模式。现如今，该项技术被广泛关注，为社会带来了不可估量的效益，同时也引发了对其自身的研究热潮。

在农业方面，基于先进的传感采集和智能信息处理技术的无线传感器网络为农业产业信息被精确且定量地获取提供了新的手段。通过播撒大量的传感节点获取农务中所需信息，并运用其反馈回来的数据，及时发现和解决问题，并确定问题发生的位置。

## 二、无线传感器网络的结构

近年来，无线传感器网络以其低成本、低功耗、自组织和无线通信等优点成为 21 世纪的研究热点。它是无线通信技术、传感技术、分布式信息技术、MEMS 技术、嵌入式技术和网络技术等快速发展的产物，在现代工业、国防军事、环境监测和智能农业等领域发挥着巨大的作用。

### （一）无线传感器网络结构

无线传感器网络是由一组传感器节点以自组织的方式构成的无线网络，其作用是协同地感知和处理网络中覆盖区域内被测对象的信息，并将其发给观察者。无线传感器网络系统通常是由传感器节点、汇聚节点、传输网络、基站和远程服务器等组成，如图 3-4 所示。

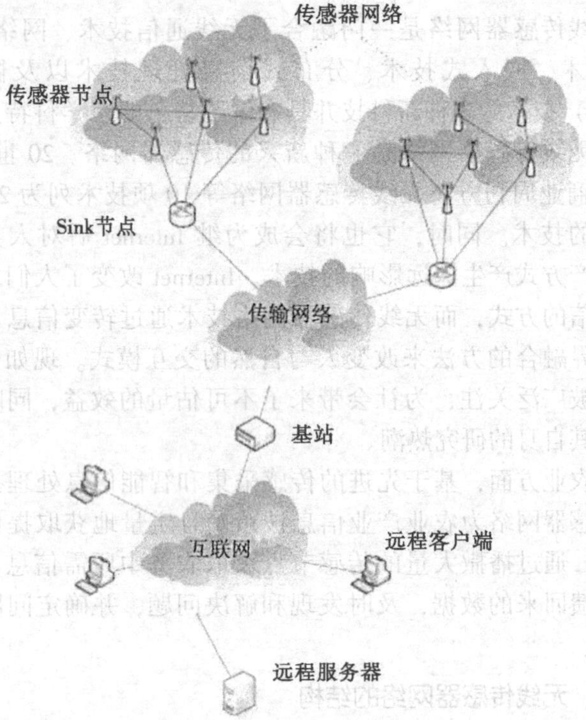


图 3-4　无线传感器网络的系统组成

1. 传感器节点

传感器节点一般是集控制器模块、传感器模块和无线通信模块于一体的，它一般由电池供电。它们可以进行数据采集、数据处理和实时的数据传送。研究人员为获取所监测区域内的对象信息，会在该区域中部署密集的传感器节点。它们以自组织的方式工作，使得系统能够随节点的加入或移动而适应动态的拓扑变化。

2. 汇聚节点

汇聚节点具有较强的无线信号发射能力和充足的电能，可通过无线或有线的方式与 PC 机相连。一方面，汇聚节点负责收集传感器节点采集来的信息，并进行相应的数据分析、归纳和存储，最终传输至基站；另一方面，汇聚节点还要完成基站控制命令的下发。因此，它承担起用户同网络沟通的桥梁。

3. 传输网络和基站

传输网络的任务是协同各传感器网络的汇聚节点，并收集它们的信息。在数据传输过程中，遵循对应的传输协议。基站通常是能够连接互联网的一台计算机，它将收集来的传感信息通过互联网传送到远程的数据中心，同时，还具备一个本地数据库用以保存最新的数据。

4. 远程服务器

用户通过访问远程服务器来对数据进行进一步的分析和处理，从而对网络下发相应的控制命令。

### （二）传感器节点构成

在不同的应用中，节点的组成稍有不同（图 3-5），但基本都包括以下基本单元：通信单元及电源（包括相关电源管理）、传感器单元（传感器及相关信号调理和数模转换等）、处理单元（CUP、存储器、嵌入式操作系统）。此外，电源自供电装置、执行机构、定位系统、移动系统及复杂信号处理（包括声音、图像、数据处理及信息融合）即图中虚线所示；可以根据不同的应用做出取舍。

## 三、蓝牙、ZigBee 和 RFID 技术简述

### （一）蓝牙技术

蓝牙是一种短距离无线通信规范，标准是 IEEE 802.15，工作范围在 2.4GHz 频带，传输范围在 10～100m，传输速度可以达

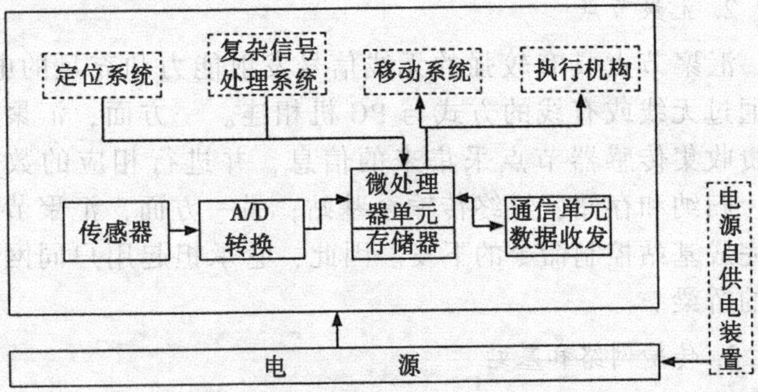


图 3-5　无线传感网络节点构成

1MB/s。中国农业大学精细农业系统集成研究教育部重点实验室设计了基于蓝牙的无线温室环境信息采集系统。其系统基本框图如图 3-6 所示，由无线传感器、监控中心和采集模块组成。温室中布置温、湿度等各类传感器，通过蓝牙无线通道实现与采集模块的数据之间的通信。各温室采集模块通过 RS485 总线和监控中心进行数据交换步骤，接收监控中心命令根据需要向中心传送数据。

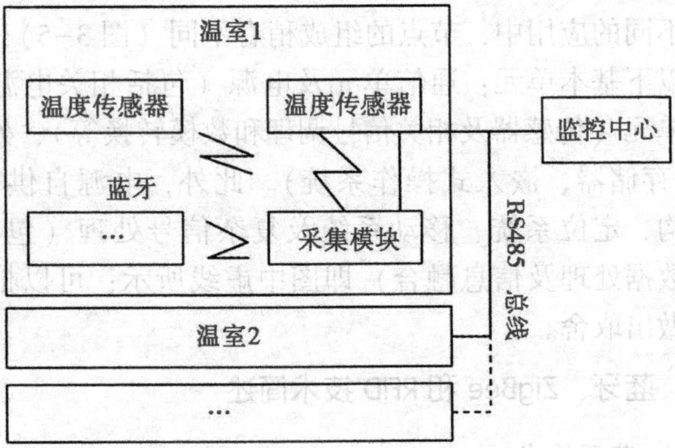


图 3-6　基于蓝牙技术的信息采集系统

与此同时，几个蓝牙设备也可以连接成一个微微网（Piconet），它只有一个主设备，其余的均为从设备，并且一个主设备最多同时支持 7 个从设备。微微网是蓝牙最基本的一种网络形式，最简单的微微网是一个主设备和一个从设备组成的点对点通信连接方式。

### （二）ZigBee 和 RFID 技术

短距离无线通信方式中，ZigBee 和 RFID 虽然较晚，但发展非常迅速，在农田信息传输中被越来越多的使用。ZigBee 技术是一种近距离、低功耗、低数据速率、低复杂度、低成本的双向无线通信技术。其工作频带范围在 21 400~214 835GHz，使用 IEEE80211514 规范要求的直接序列扩频方式，数据速率可达 250KB/s。目前，ZigBee 技术农业中得到使用，如图 3-7 中所示，选用单片机和 ZigBee 芯片组成的低成本的无线农业传感器信息传输模块结构。在 ZigBee 无线网络中，各种农业传感器依靠无线传输模块与主机系统通信，同时主机也可提供决策支持和数据库管理。

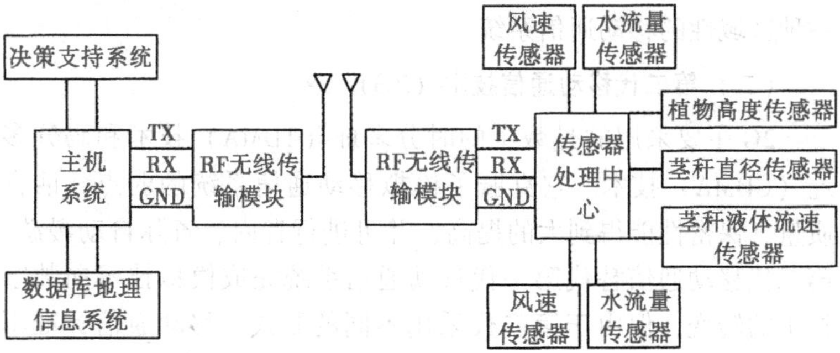


**图 3-7　ZigBee 无线农业传感器信息传输模块组成框图**

RFID 是 Radio Frequency Identification 的缩写，即无线射频识别。它是一种非接触式方式的自动识别技术，射频信号可以自动识别目标对象并获取相关数据。一个最基本的 RFID 系统由三部分组成：天线（Antenna）、标签（Tag）、阅读器（Reader）。电子标签中一般保存有既定格式的电子数据。RFID的原理是：标签进入磁场后，接收解读器发出的射频信号，依靠感应电流所获得的能量将存储在芯片中的产品信息发送出（Passive tag，无源标签或被动标签），或者主动发送某一频率的信号（Active-tag，主动标签或有源标签）；解读器在读取信息并解码后，送至中央信息系统进行相关数据的处理。目前，RFID技术除了应用于农业物流识别、畜禽养殖、农产品溯源技术中的个体识别之外，也逐渐应用于湿度、光照、温度和振动等无线标签式传感器之中。

## 第三节 4G、5G通信技术

### 一、移动通信的发展历程

#### （一）第一代移动通信技术（1G）

1G主要采用的是模拟技术和频分多址（FDMA）技术，其受到传输带宽的限制，不能进行移动通信的长途漫游，只能是一种区域性的移动通信系统。

#### （二）第二代移动通信技术（2G）

2G主要采用的是数字的时分多址（TDMA）技术和码分多址（CDMA）技术。它克服了模拟移动通信系统的弱点，话音质量、保密性能得到大的提高，并可进行省内、省际自动漫游。第二代移动通信替代第一代移动通信系统完成模拟技术向数字技术的转变，但由于第二代采用不同的制式，移动通信标准不统一，用户只能在同一制式覆盖的范围内进行漫游，无法进行全球漫游，其也无法实现高速率的业务。

#### （三）第三代移动通信技术（3G）

相比前两代通信技术而言，3G通信技术传输速率优势更为显著：其传输速度最低为384K，最高为2M，带宽可达5MHz以上。第三代移动通信能够实现高速数据传输和宽带多媒体服务。第三代移动通信网络能够提供包括卫星在内的覆盖全球的网络业务之间的无缝连接。满足多媒体业务的要求，从而为用户提供更经济、内容更丰富的无线通信服务。但第三代移动通信仍受到基于地面、标准不同的区域性通信系统的局限。

### （四）第四代移动通信技术（4G）

随着科技的发展，用户对移动通信系统的数据传输速率要求越来越高，而 3G 系统实际所能提供的最高速率目前最高的也只有 384Kbp。为了满足用户的实际需求，需要更广阔的移动通信市场，国际电信联盟（ITU）和各厂商们开始思索 4G 系统的研究和技术标准制定。然而目前 4G 的具体定义并不是很明确。在 ITU-RWP8F 第 17 次会议上，ITU 给了 4G 一个正式的名称 IMT-Advanced，其具体定义如下：主要是集 3G 与 WLAN 于一体，能够传输高质量视频图像，具有较高的数据传输速率，并能够满足所有用户对无线服务的要求，且价格与固定宽带网络相同，并可以实现商业无线网络、局域网、蓝牙、广播和电视卫星通信等的无缝连接并相互兼容。4G 具有更高的数据率和频谱利用率，更高的安全性、智慧性和灵活性，更高的传输质量和服务质量。4G 系统应体现移动与无线接入网及 IP 网络不断融合的发展趋势。因此，4G 系统应当是一个全 IP 的网络。

## 二、4G 网络体系和层次结构

### （一）4G 网络结构

3G 保留了 2G 所使用的电路交换，采用的是电路交换和分组交换并存的方式，而 4G 完全采用基于 IP 的分组交换，是网络能够根据用户需要分配带宽。第四代移动通信的网络结构如图 3-8 所示。

核心 IP 网络作为一种统一的网络，支持有线及无线的接入。无线接入点可以是蜂窝系统的基站，WLAN（无线局域网）或者 Ad hoc 自组网等。公用电话网和 2G 及未实现全 IP 的 3G

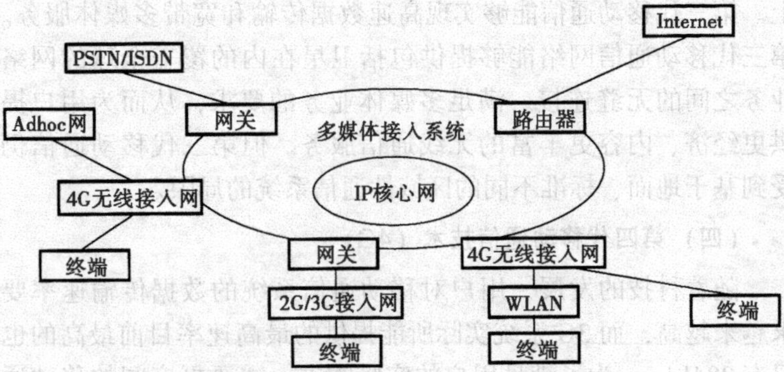


图 3-8 第四代移动通信的网络结构

网络等则通过特定的网关连接。另外，热点通信速率和容量的需要或网络铺设重叠将使得整个网络呈现广域网、局域网等互联、综合和重叠的现象。

### （二）4G 的网络层次结构

4G 的网络结构层次主要可以分为三方面：应用环境层、中间环境层和物理网络层。4G 体系的网络分层如图 3-9 所示。物

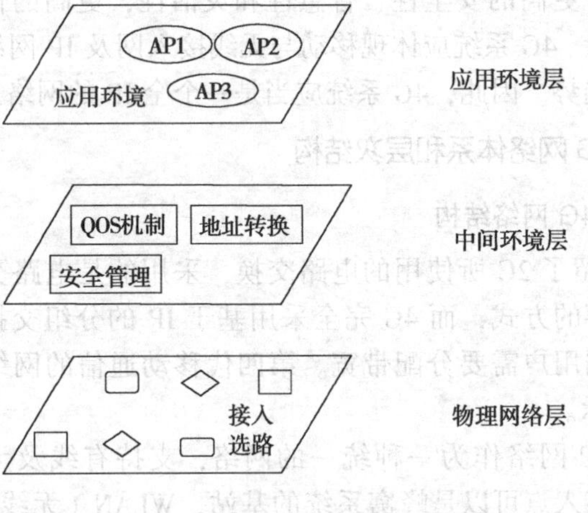


图 3-9 4G 体系的网络分层

理网络层提供接入和路由选择功能，其由无线和核心网的结合格式完成。中间环境层的功能有 QoS 映射、地址变换和完全性管理等。物理网络层与中间环境层，以及应用环境层之间的接口是开放的，可提供无缝高数据率的无线服务，并运行于多个频带。

### （三）4G 网络中的关键技术

#### 1. OFDM

OFDM（Orthogonal Frequency Division Multiplexing）即正交频分复用技术，是一种新型的高效的多载波调制技术。其主要原理是将待传输的高速串行数据经串/并变换，分配到传输速率较低的子信道上进行传输，再用相互正交的载波进行调制，然后叠加一起发送。接收端用相干载波进行相干接收，再经并串变换恢复为原高速数据。OFDM 能够有效对抗多径传播，使受到干扰的信号能够可靠地被接收。

OFDM 系统由两部分构成，上半部分对应于发射机链路，下半部分对应于接收机链路。发送端将被传输的数字数据转换成子载波幅度和相位的映射，并进行 IDFT（反离散傅里叶变换），将数据的频域表达式变到时域上。接收端进行与发送端相反的操作，将 RF 信号与本振信号进行混频处理，并用 FFT 变换分解为时域信号，子载波的幅度和相位被采集出来并转换回数字信号。

OFDM 系统主要有四大关键技术：时域和频域同步，信道估计，信道编码与交织，以及降低峰均功率比（PAPR）。OFDM 系统对定时和频率偏移敏感，特别是实际应用中可能与 FDMA、TDMA 和 CDMA 等多址方式结合使用时，时域和频域同步显得尤为重要。而同步可分为捕获和跟踪两个阶段。因此，在具体实现时，同步可以分别在时域或频域进行，也可以时频域同进行。在 OFDM 系统中，信道估计器的设计主要有两个问题：导频信息的选择和最佳信道估计器的设计。信道编码和交织通常用于提高数字通信系统性能。高的 PAPR 使得 OFDM 系统的性能大大下降，为此，人们提出了基于信号畸变技术、信号扰码技术和基于信号空间扩展等降低 OFDM 系统 PAPR 的方法。

OFDM 技术具有可以消除或减小信号波形间的干扰，可以最大限度利用频谱资源；适合高速数据传输；抗衰落能力强；抗码间干扰（ISI）能力强等优势。但是 OFDM 也存在不足之处：易受频率偏差的影响；存在较高的峰值平均功率比等。

2. 软件无线电

软件无线电（SDR）是将标准化、模块化的硬件功能单元经一通用硬件平台，利用软件加载方式来实现各类无线电台的各单元功能，对无线电信号进行调制或解调及测量的一种开放式结构的技术。中心思想是使宽带模数转换器（A/D）及数模转换器（D/A）等先进的模块尽可能地靠近射频天线的要求。尽可能多地用软件来定义无线功能。其软件系统包括各类无线信令规则与处理软件、信号流变换软件、调制解调算法软件、信道纠错编码软件和信源编码软件等。软件无线电技术主要涉及数字信号处理硬件（DSPH）、现场可编程器件（FPGA）和数字信号处理（DSP）等。

3. 智能天线技术

智能天线（SA）定义为波束间没有切换的多波束或自适应阵列天线。智能天线具有抑制信号干扰、自动跟踪及数字波束调节等功能，被认为是未来移动通信的关键技术。其基本工作原理是根据信号来波的方向自适应地调整方向图，跟踪强信号，减少或抵消干扰信号。智能天线采用了空分多址（SDMA）的技术，成形波束可在空间域内抑制交互干扰，增强特殊范围内想要的信号，既能改善信号质量又能增加传输容量。

4. 多用户检测技术和多输入多输出技术

多用户检测（MUD）技术能够有效地消除码间干扰，提高系统性能。多用户检测的基本思想是把同时占用某个信道的所有用户或某些用户的信号都当做有用信号，而不是作为干扰信号处理，利用多个用户的码元、时间、信号幅度及相位等信息联合检测单个用户的信号，即综合利用各种信息及信号处理手段，对接收信号进行处理，从而达到对多用户信号的最佳联合检测。多用户检测是4G系统中抗干扰的关键技术，能进一步提高系统容量，改善系统性能。随着不同算法和处理技术的应用与结合，多用户检测获得了更高的效率、更好的误码率性能和更少的条件限制。

多输入多输出技术（MIMO）是指利用多发射和多接收天线进行空间分集的技术，它采用的是分立式多天线，能够将通信链路分解成为许多并行的子信道，从而大大提高系统容量。MIMO技术可提供很高的频谱利用率，且其空间分集可显著改善无线信道的性能，提高无线系统的容量及覆盖范围。

5. 基于IP的核心网

4G通信系统选择了采用IP的全分组方式传送数据流，因此IPv6技术是下一代网络的核心协议。基于IP的核心网有以下优势：巨大的地址空间，IPv6地址为128位，代替了IPv4的32位，地址空间大于3.4∈1038；自动控制，IPv6的基本特性之一是能够支持无状态或有状态两种地址自动配置方式。核心网独立于各种具体的无线接入方案，能提供端到端的IP业务，能同已有的核心网和PSTN兼容；核心网具有开放的结构，能允许各种空中接口接入核心网；同时核心网能把业务、控制和传输等分开。IP与多种无线接入协议相兼容，因此在设计核心网络时具有很大的灵活性，不需要考虑无线接入究竟采用何种方式和协议。

## （四）3G与4G的比较

1. 技术指标方面

3G提供了高速数据，在图像传输上，其静止传输速率达到2Mbp，高速移动时的传输速率达到114Kbp，慢速移动时的传输速率达到384Kbp，带宽可以达到5MHz以上UMT采用WCDMA技术，利用正教码区分用户，有FDD和TDD两种双工方式。

4G数据传输速率从2Mbp到100Mbp；容量达到第3代系统的5~10倍，传输质量相当于甚至优于第3代系统。广带局域网应能与宽带综合业务数据网（B-ISDN）和异步传送模式（ATM）兼容，实现广带多媒体通信，形成综合广带通信网；条件相同时小区覆盖范围等于或大于第3代系统；具有不同速率间的自动切换能力，以保证通信质量；网络的每比特成本要比第3代低。

2. 技术方面

3G的关键技术是CDMA技术，而4G采用的是OFDM技术。OFDM可以提高频谱利用率，能够克服CDMA在支持高速率数据传输时信号间干扰增大的问题；在软件无线电方面，4G对3G中的软件无线电技术进行升级，满足4G中无线接入多样化要求，使得3G中无线接入标准不统一的问题得以解决。同时在4G中，实现软切换和硬切换相结合，对3G中的软件无线电基础上通过增加相应的硬件模块，对相应的软件进行升级使它们最终都融合到一起，成为一个统一的标准，实现各种需求的功能；3G网络采用的主要是蜂窝组网，4G采用全数字全IP技术，支持分组交换，将WLAN、Bluetooth等局域网融入广域网中。在4G中提高智能天线的处理速度和效率。在TD-SCDMA采用智能天线的基础上，对相关的软件和算法加以升级，增加一些接口协议来满足4G的要求；4G系统也使用了许多新技术，包括超链接和特定无线网络技术、动态自适应网络技术、智能频谱动态分配技术及软件无线电技术等；在功率控制上，4G比3G要求更加严格，其目的是为了满足高速通信的要求。不仅频率资源限制移动用户信号的传输速率，而且基站和终端的发射功率也限制了用户信号的传输速率。在3G中，采用切换技术来减少对其他小区的干扰，提高话音质量，不过在4G中，切换技术的应用更加广阔，并朝着软切换和硬切换相结合的方向发展。

3. 速度方面

国际通信联盟通信委员会的最新研究显示，在使用同样数量频谱（在客户手机与互联网之间传送信息的无线电波）的情况下，下一代移动技术的数据传输能力将是现有3G技术的2倍以上。

传输能力的增强对满足英国迅速增加的移动数据流量来说至关重要，而移动数据流量的增加主要受智能手机和移动宽带数据服务（如流媒体、电子件、信息服务、地图服务和社交网络等）增长的带动。

英国从2013年开始采用4G移动通信技术，届时，移动宽带服务的速度将显著提高。通过有效地利用4G技术，这一目标有望得到部分实现。

**（五）大4G标准**

国际电信联盟（ITU）已经将WiMax、HSPA+、LTE正式纳入到4G标准里，加上之前就已经确定的LTE-Advanced和WirelessMAN-Advanced这两种标准，目前，4G标准已经达到了5种。

1. LTE

长期演进（Long Term Evolution，LTE）项目是3G的演进，它改进并增强了3G的空中接入技术，采用OFDM和MIMO作为其无线网络演进的唯一标准。主要特点是在20MHz谱带宽下能够提供下行100Mbit/s与上行50Mbit/s的峰值速率，相对于3G网络大大地提高了小区的容量，同时将网络延迟大大降低：内部单向传输时延低于5ms，控制平面从睡眠状态到激活状态迁移时间低于50ms，从驻留状态到激活状态的迁移时间小于100ms。并且这一标准也是3GPP长期演进（LTE）项目，是近两年来3GPP启动的最大的新技术研发项目，其演进的历史如下。

GSM→GPRS→EDGE→WCDMA→HSDPA/HSUPA→HSDPA+/HSUPA+→LTE长期演进 GSM：9K→GPRS：42 K→EDGE：172K→WCDMA：364 K→HSDPA/HSUPA：14.4 M→HSDPA+/

HSUPA+：42 M→LTE：300 M

由于目前的 WCDMA 网络的升级版 HSPA 和 HSPA+均能够演化到 LTE 这一状态，包括中国自主的 TD-SCDMA 网络也将绕过 HSPA 直接向 LTE 演进，所以这一 4G 标准获得了最大的支持，也将是未来 4G 标准的主流。该网络提供媲美固定宽带的网速和移动网络的切换速度，网络浏览速度大大提升。

2. LTE-Advanced

LTE－Advanced 的正式名称为 Further Advancements for E-UTRA，它满足 ITU-R 的 IMT-Advanced 技术征集的需求，是 3GPP 形成欧洲 IMT-Advanced 技术提案的一个重要来源。LTE-Advanced 是一个后向兼容的技术，完全兼容 LTE，是演进而不是革命，相当于 HSPA 和 WCDMA 这样的关系。LTE-Advanced 的相关特性如下：①带宽：100 MHz；②峰值速率：下行 1Gbp，上行 500Mbp；③峰值频谱效率：下行 30 bp/Hz，上行 15 bp/Hz；④针对室内环境进行优化；⑤有效支持新频段和大带宽应用；⑥峰值速率大幅提高，频谱效率有限改进。

如果严格地讲，LTE 作为 3.9G 移动互联网技术，那么LTE-Advanced 作为 4G 标准更加确切一些。LTE-Advanced 的入围，包含 TDD 和 FDD 两种制式，其中，TD-SCDMA 将能够进化到 TDD 制式，而 WCDMA 网络能够进化到 FDD 制式。移动主导的 TD-SCDMA 网络期望能够绕过 HSPA+网络而直接进入到 LTE。

3. WiMax

WiMax（Worldwide Interoperability for Microwave Access），即全球微波互联接入，WiMaX 的另一个名字是 IEEE 802.16。WiMaX 的技术起点较高，WiMax 所能提供的最高接入速度是 70 兆，这个速度是 3G 所能提供的宽带速度的 30 倍。对无线网络来说，这的确是一个惊人的进步。WiMaX 逐步实现宽带业务的移动化，而 3G 则实现移动业务的宽带化，两种网络的融合程度会越来越高，这也是未来移动世界和固定网络的融合趋势。

802.16工作的频段采用的是无需授权频段，范围在2~66GHz，而802.16a则是一种采用2~11GHz无需授权频段的宽带无线接入系统，其频道带宽可根据需求在1.5~20MHz进行调整，目前具有更好高速移动下无缝切换的IEEE 802.16m的技术正在研发。因此，802.16所使用的频谱可能比其他任何无线技术更丰富，WiMax具有以下优点：对于已知的干扰，窄的信道带宽有利于避开干扰，而且有利于节省频谱资源；灵活的带宽调整能力，有利于运营商或用户协调频谱资源；WiMax所能实现的50km的无线信号传输距离是无线局域网所不能比拟的，网络覆盖面积是3G发射塔的10倍，只要少数基站建设就能实现全城覆盖，能够使无线网络的覆盖面积大大提升。

WiMax网络在网络覆盖面积和网络的带宽上优势巨大，但是其移动性却有着先天的缺陷，无法满足高速（≥50km/h）下的网络的无缝链接，从这个意义上讲，WiMax还无法达到3G网络的水平，严格地说并不能算作移动通信技术，而仅仅是无线局域网的技术。但是WiMax的希望在于IEEE 802.11m技术上，将能够有效地解决这些问题，也正是因为有中国移动、英特尔、Sprint各大厂商的积极参与，WiMax成为呼声仅次于LTE的4G网络手机。关于IEEE 802.16m这一技术，我们将留在最后作详细的阐述。

## 三、5G发展的新特点

5G研究在推进技术变革的同时将更加注重用户体验，网络平均吞吐速率、传输时延，以及对虚拟现实、3D、交互式游戏等新兴移动业务的支撑能力等将成为衡量5G系统性能的关键指标；与传统的移动通信系统理念不同，5G系统研究将不仅把点到点的物理层传输与信道编译码等经典技术作为核心目标，而是从更为广泛的多点、多用户、多天线、多小区协作组网作为突破的重点，力求在体系构架上寻求系统性能的大幅度提高；室内移动通信业务已占据应用的主导地位，5G室内无线覆盖性能及业务支撑能力将作为系统优先设计目标，从而改变传统移动通信系统“以大范围覆盖为主、兼顾室内”的设计理念；高频段频谱资源将更多地应用于5G移动通信系统，但由于受到高频段无线电波穿透能力的限制，无线与有线的融合、光载无线组网等技术将被更为普遍地应用；可“软”配置的5G无线网络将成为未来的重要研究方向，运营商可根据业务流量的动态变化实时调整网络资源。

### （一）5G技术的特征

1. 5G主要应用

5G主要应用在增强型移动宽带、海量物联网、关键业务型服务这3个方面。具体来说，增强型移动宽带包括增强型无线宽带覆盖、企业/团队协作、培训/教育、增强现实和虚拟现实、移动计算等，这些应用是在4G的基础上进一步扩展，增强其功能、性能和效率。

2. 联网设备数目扩大100倍

随着物联网和智能终端的快速发展，预计2020年后，联网的设备数目将达到500亿~1 000亿部。未来的5G网络单位覆盖面积内支持的设备数目也将大大增加，相当于目前的4G网络增长100倍，一些特殊方面的应用上，单位面积内通过5G联网的设备数目将达到100万个/$km^2$。

3. 峰值速率至少10Gb/s

面向2020年的5G网络，相对于4G网络，其峰值速率需要提升10倍，即达到10Gb/s的速率，特殊场景下，用户的单链路速率要求达到10Gb/s。

4. 用户可获得速率达到10Mb/s，特殊用户需求达到100Mb/s

未来5G网络，在绝大多数的条件下，任何用户一般都能够获得10Mb/s以上的速率，对于一些有特殊需求的业务，如急救车内高清医疗图像传输服务等将获得高达100Mb/s的速率。

5. 时延短和可靠性高

2020 年的 5G 网络，要满足用户随时随地地在线体验服务，并满足诸如应急通信、工业信息系统等更多高价值场景的需求。因此，要求进一步控制和降低用户的时延，相当于时延比 4G 网络要降低 5~10 倍。对于关系人类生命、重大财产安全的业务，端到端服务可靠性也需提升到 99.999%以上。

6. 频谱利用率高

由于 5G 网络的用户规模大、业务量多、流量高，对频率的需求量大，要通过应用演进及频率倍增或压缩等创新技术来提升频率利用率。相对于 4G 网络，5G 的平均频谱效率需要 5~10 倍的提升，才能解决大流量带来的频谱资源短缺问题。

**（二）5G 的关键技术**

1. 大规模 MIMO 技术

大规模 MIMO 带来的好处主要体现在以下几个方面：大规模 MIMO 的空间分辨率与现有 MIMO 相比，得到显著增强，能够对空间维度资源进行深度挖掘，使得网络中的多个用户可以在同一时频资源上利用大规模 MIMO 提供的空间自由度与基站同时建立通信，从而在不需要增加基站密度和带宽的条件下大幅度提高频谱效率；大规模 MIMO 可将波束集中在很窄的范围内，从而大幅度降低干扰；大规模 MIMO 可大幅降低发射功率，从而提高功率效率；当天线数量足够大时，大规模 MIMO 带来的最简单的线性预编码和线性检测器趋于最优，并且噪声和不相关干扰都可忽略不计。

2. 基于滤波器组的多载波技术

OFDM 存在以下不足：需要插入循环前缀才能对抗多径衰落，从而导致无线资源的浪费；对载波频偏的敏感性高，具有较高的峰均比；各子载波必须具有相同的带宽，各子载波之间必须保持同步，各子载波之间必须保持正交等，限制了频谱使用的灵活性。此外，由于OFDM技术采用了方波作为基带波形，载波旁瓣较大，从而在不能严格保证各载波同步的情况下使得相邻载波间出现较为严重的干扰。在5G系统中，出于对支撑高数据速率的需要，将可能需要高达1GHz的带宽。但在某些较低的频段，难以获得连续的宽带频谱资源，而且在这些频段中，某些无线传输系统，如电视系统中，仍会存在一些未被使用的频谱资源（空白频谱）。但是，这些空白频谱的位置可能是不连续的，并且可用的带宽也不一定相同，采用OFDM技术也难以实现对这些可用频谱的有效使用。灵活有效地利用这些空白的频谱，是设计5G系统需要解决的一个重要问题。

基于滤波器组的多载波（Filter-bank Based Multicarrier，FBMC）实现方案被认为是解决以上问题的有效手段。FBMC与OFDM技术不同，由于原型滤波器的冲击响应和频率响应可以根据需要进行设计，各载波之间不再必须是正交的，不需要插入循环前缀；能实现各子载波带宽的设置及对各子载波间，交叠程度的灵活控制，从而可灵活控制相邻子载波之间的干扰，并且便于使用一些零散的频谱资源；各子载波之间不需要同步，同步、信道估计和检测等可在各子载波上单独进行处理，因此，尤其适合用于难以实现各用户之间严格同步的上行链路。但另外一方面，由于各载波之间相互不正交，子载波之间存在干扰；采用非矩形波形，导致符号之间存在时域干扰，需要采用一些其他技术来消除干扰。

# 第四章 农业物联网处理技术

## 第一节 农业信息处理概述

### 一、农业信息处理基本概念

农业物联网信息处理是将模式识别、复杂计算、智能处理等技术应用到农业物联网中，以此实现对各类农业信息的预测、预警、智能控制和智能决策等。农业信息处理技术是利用现代信息技术改造传统农业的重要途径，农业领域中信息处理技术的应用分支。农业信息处理技术按照其智能化程度的高低水平不同，分为基础农业信息处理技术和智能化农业信息处理技术两大类。

农业信息技术以计算机、传感器以及通信等现代信息技术为主，在农业生产过程、管理经营和战略决策过程中，对数据信息进行采集、存储、传递和处理分析，为农业研究者、生产者、经营者和管理者提供资料查询、技术咨询、辅助决策和自动调控等集成农业技术的总称。它是对传统农业中采用现代高科技技术进行改造的重要途径。近年来，以物联网、云计算等新兴信息技术发展为标志，一些发达国家把自动感知技术、3S 技术、智能农机技术等与农艺技术深度融合和集成应用，大力发展感知农业、数字农业、智慧农业，实现了对农作物的自适应喷水、施肥、洒药，以及农产品的自动采摘、分级包装、跟踪追溯、电子交易。农业信息化因此到达了一个高速发展的进程。

农业信息技术主要包括有农业遥感技术、农业地理信息系统技术、农业网络技术、农业数据库技术、农业 GPS（地球定位系统）技术以及农业多媒体技术等。

按其智能化程度的高低，可分为两大类型，即基础农业信息技术和智能化农业信息技术，前者主要指各种类型的农业数据库（包括农业资源与环境、农村社会经济、农业生产、农业科技、农业教育、农产品市场及农业生产资料市场等）的建立及与计算机网络、遥感、GIS、GPS、多媒体技术等的结合，基础农业信息技术的功能主要是提供信息，以支持决策，其智能化低；而智能化农业信息技术则主要指农业生产管理决策支持系统和计算机网络等相关技术的结合，其功能主要是动态、目标、定量以及优化决策，其智能化程度高。

## 二、农业信息处理技术体系框架

现代农业对农业信息资源的综合开发利用有着越来越迫切的需求，单项信息技术已经无法满足现实需求。由于全球定位系统、数据库、管理信息系统、决策支持系统、计算机网络、遥感和地理信息系统等技术日趋成熟，各种信息技术的组合与集成越来越受到人们的关注。

农业信息处理技术在农业物联网中的应用主要分为 3 个层次，即数据层、支撑层和应用服务层，如图 4–1 所示。

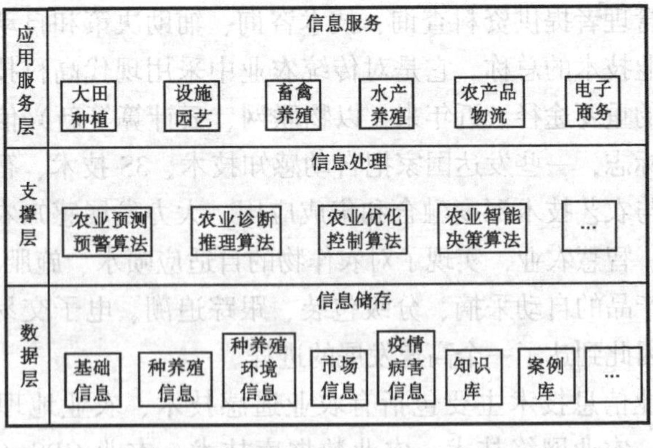


图 4–1　农业信息处理技术体系框架

### （一）数据管理

数据层实现数据的管理。数据包括基础信息、种养殖信息、种养殖环境信息、知识库、数据库等。由于数据库储存着农业生产要素的大量信息，这为农业物联网系统的查询、检索、分析和决策咨询等奠定基础。为了实施农业生产的监测、诊断、评估、预测和规划等功能，必须根据信息农业的需要研制和开发农业专业模型，并建立模型库，而且还要实现图形数据库、属性数据库和专业模型库的链接，并对所需确定和解决的农业生产与管理问题做出科学合理的决策和实施。

### （二）农业应用支撑

农业应用支撑是组织实施信息农业的技术核心体系，一般包括：①农业预测预警系统，实现对农作物生长面、长势及灾害发生的检测，对农业灾害监测、预报、分析和评估；②农作物长势监测与估产信息系统，包括小麦、水稻等主要粮食作物和果树、棉花等主要经济作物的长势监测和农业作物产量预测等；③动植物生长发育的模拟系统，动植物生长环境的模拟等；④农产品经营销售系统，平衡预测各类农产品在不同地理市场环境间的信息数据；⑤农业智能决策系统。

### （三）农业信息应用

农业信息处理技术被大量地采用到种植、畜禽养殖和水产养殖等领域，涵盖了农业产业链的产前、产中、产后的各个方面，为用户提供农业作业的优化精准、自动控制、预测预警、管理与决策、电子商务等服务。

## 第二节　农业预测预警

### 一、概述

农业预测预警是农业信息处理方法中众多的应用领域之一，是在利用传感器等信息采集设备获取农业现场数据的基础上，采用数学和信息学模型，对研究对象未来发展的可能性进行推测和估计，并对不正确的状态进行预报和提出预防措施。

预测是以将得到的相关信息，并通过数学模型等手段，对研究对象的发展进行评估。预警是在预测的基础上并结合相关实际情况给出判断说明，预报错误情况对研究对象造成的影响，从而最大限度地避免或者降低受到的损失。目前，国外等发达国家研发制造了众多的预测预警模型以及大量的相关软件程序。国内，张克鑫等研究了基于 BP 神经网络的叶绿素 a 浓度预测预警研究，同时应用在湖南镇水库；李道亮等基于 PSO-LSSVR 和 RS-SVM 对河蟹养殖水质的预测预警模型进行了研究及应用。

农业预测采用气象环境资料、土壤墒情、对象生长、生产条件、农业物资、视频影像等具体资料，通过相关基础理论，采用数学模型研究对象在未来发展过程中的可能性进行推测和估计；是精确施肥、灌溉、播种、除草、灭虫等农事操作及农业生产计划编制、监督执行情况的科学决策的重要依据，也是改善农业经营管理的有效手段。

预警是预测发展的高级阶段，是在预测基础上，结合预先的领域知识，进一步给出的判断性说明，以规避因特殊原因引发的危害，进而降低因危害产生的不必要的损失，使预测的内容更加丰富而广泛。所谓农业预警是指对农业的未来状态进行测度，预报不正确状态的时空范围和危害程度以及提出防范措施，最大程度上避免或减少农业生产活动中所受到的损失，从而在提升农业活动收益的同时降低农业活动的风险。农业预警就是要研究警情的排除，消除已经出现的警情，预防未来可能出现的警情。

## 二、农业预测方法的分类

（1）按所涉及范围的不同：可分为宏观预测和微观预测。

宏观是指从整个社会发展的总体作为考核对象，研究经济发展中各项指标之间的关系及其发展变化；微观是考核某个经济单位的生产经营发展的前景，研究个别单位或部门微观经济中各项指标之间的关系和发展变化。

（2）按时间长短的不同：可分为长期经济预测、中期经济预测、短期经济预测以及近期经济预测。

长期常常是指 5 年以上的经济前景发展变化的预测；中期指 1~5 年的经济发展预测，常常是制定国民经济五年计划的依据；短期是指 3 个月到 1 年之间的经济发展预测，常用于企业制定年、季度计划的依据；近期是指 3 个月以下的经济预测，如旬、月度计划等。

（3）根据预测方法的区别：可将预测分为定性预测与定量预测。

定性预测是指预测者根据自己的经验和理论知识，通过调查、了解实际情况，对经济情况的发展变化做出判断和预测；定量预测是在准确、实时调查资料等信息的前提下，预测统计模型和方法。例如，时间序列预测、因果关系预测等。

（4）根据时态的不一致：可将预测分为静态预测和动态预测。

静态预测是指没有时间变动的因素，对相同时期经济现象的因果关系进行的预测；动态预测是指考虑到时间的变化，按照经济发展的历史和现状，对未来情况进行的预测。

## 三、农业预警方法

### （一）农业预警系统的结构以及运行机制

农业预警系统的本质就是通过预警科学的相关理论和方法，并结合农业生产系统的具体特点，依据可持续发展农业的要求，制定一整套预警指标；对数据的定性与定量分析的评价基础之上，结合相关理论研究成果以及相关领域专家经验指导，制定合理预警指标；通过分析农业生产的实际情况以及发展趋势，及时发布报警信息，为相关部门提供准时、精确的反馈信息。农业预警系统大体上由警情诊断、警源分析、警兆辨析、警度预报以及排警调控等子系统构成。

从控制论的角度讲，农业预警系统是一类典型的反馈控制系统，其运行机制如图 4-2 所示。警情诊断子系统对农业预警对象进行监测，若有警情发生则利用警源辨析子系统来寻找警源，再通过警兆分析子系统对警源向外界发出的警兆进行分析处理，然后由警度预报子系统发出警度预报，最后根据排警调控子系统中的预控措施，对农业预警对象进行宏观调控和管理。

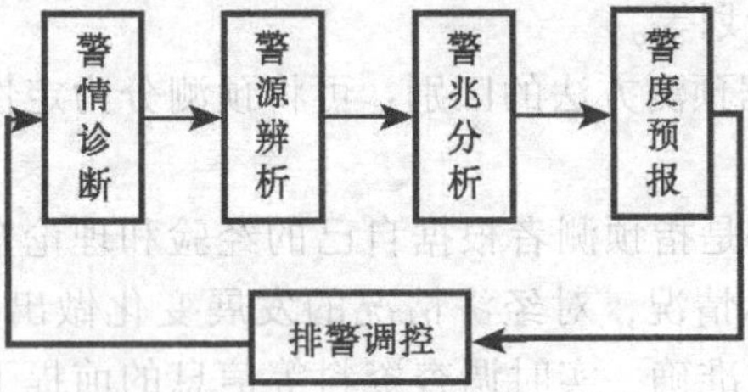


图 4-2　农业预警系统运行机制

**（二）农业预警基本方法**

在建立农业预警系统时，应根据实际情况采用一定的预警方法。总体上讲，农业预警方法根据不同机制主要分为黑色预警、黄色预警、红色预警、绿色预警和白色预警方法。

1. 黑色预警方法

黑色预警方法只考察时间序列变化规律，即循环波动性规律。例如，我国农业大体上存在 5 年左右的一个循环周期。通过这种循环波动特点，可以预测在使用或不使用时序模型对警素的走势。各种农业指数、经济波动图等可以均能看作是黑色预警方法的具体应用。

2. 黄色预警方法

黄色预警方法是最常见的预警方法，是一种由内到外的原因结果分析方法，具体可分为 3 种方式：指数预警系统、统计预警系统、模型预警系统。

（1）指数预警系统：利用某种警级指数进行预警。由于一个警素拥有多个不同的指标，因此，需要对不同警兆进行综合。其综合形式分为扩散指数和合成指数2种。

（2）统计预警系统：该方法对警兆与警素之间的关系采用统计方法进行处理。首先分析警兆和警素的时差，确定他们的先导长度、强度，在更具实际的变动情况，判定警兆的具体级别，综合警级重要性，最终预报实际警度。统计预警方法与指数预警系统相比较，它们的侧重点有所区别。统计预警强调警兆指标的统计特性，不要求规范的综合方法；而指数预警则强调程序化和规范化。

（3）模型预警系统：指在结合指数预警或统计预警方式的基础之上，与预警进行更深入的研究。其常见的预警模型有：回归预测、人工神经网络等模型。

3. 红色预警方法

这是一种以重视定量分析特点的农业环境分析方法。其内容是全面分析警素变动的利弊因素，根据不同时期的比较研究、预测者的直觉经验以及其他专家学者经验进行的预警。从实际的效果来看，这也是一种不错的方法。因此，可以这样认为，对量的深入分析往往要结合质的分析方法，通过多种分析方法的综合才能得到准确的分析结果。

4. 绿色预警方法

依据警素的生长形势，尤其是作物的绿色生长情况（绿色指数）预测作物经济和农业未来的发展状况。遥感技术是绿色预警方法的主要技术手段。

5. 白色预警方法

在了解实际的警因的情况下采用计量技术进行预测的一种方法。

## 第三节 农业智能控制

### 一、概述

农业智能控制是农业信息处理技术的一个重要分支，是指通过实时监测农业生产环境信息、个体信息，结合动植物生长模型，采用智能控制手段和方法调控农业生产设施，保障动植物最佳生长环境，节约生产成本，降低生产能耗，实现农业生产过程的全面优化，确保农业生产高效、安全、健全、环保。

自从人类能制造工具用于生产生活以来，人类的生产生活都是在离不开大自然的“恩赐”和控制下进行的，完全处于依靠大自然、“靠山吃山，靠水吃水”的状态。虽然农业生产技术水平随着科技的进步不断向前发展，种植和饲养的条件不断改善，但是农业生产依然不能脱离对大自然的依赖。我国农业正处于从传统农业向以优质、高效、高产为目的的现代农业转化的新阶段。农业智能控制作为农业生物速生、优质、高产手段，是农业现代化的重要标志之一，受到越来越多的关注。我国目前大多数设施化种养殖环境依赖人工基于经验来管理，在一定程度上影响了其效益和发展。同时，功能强大的微型计算机的软件和硬件功能，高性能及高可靠性，为设施化种养殖环境控制提供了强有力的手段，也为实现农业设施的自动化、智能化奠定了基础。

农业生产环境复杂，影响因素众多，同时农业生产设施化程度相对较低，不同动植物的生产过差异很大，这给农业生产过程的自动控制提出了很大挑战。与传统控制技术相比，农业物联网更彻底的感知功能，极大地提高了农业信息感知的能力，以其更全面的网络，提高了农业生产过程远程认知的能力，以其更深入的智能化，提高了农业系统智能化控制能力。

智能控制是通过智能控制方法手段对农业对象个体信息、

环境信息等进行实时监测的，并根据相关的控制模型和策略，对相关农业设备进行控制。目前，国内外常见的有温室温湿度智能自动控制、温室二氧化碳浓度监测控制、光信息控制、水体质量控制、农业自动灌溉控制等相关研究。

## 二、智能控制类型

智能控制系统分为三大主要控制方法：人工神经网络控制方法、模糊逻辑控制方法、专家系统控制方法。

### （一）人工神经网络控制方法

人工神经网络（Artificial Neural Network，ANN）分前馈型、反馈型、自组织竞争型3种类型。一般的非线性映射关系能够通过3层BP网络得到反映，见图4-3。BP网络有输入层、隐层和输出层，其操作为黑箱型。神经网络利用非线性映射的思想和并行处理的方法，用神经网络本身结构表达输入与输出关联知识的隐函数编码。输入空间与输出空间的映射关系是通过网络结构不断学习、调整，最后以网络的特定结构表达。

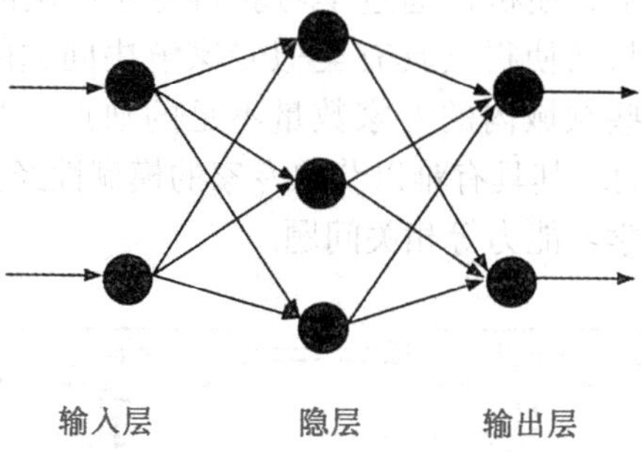


**图4-3　3层BP网络**

通过ANN系统的独有的学习功能、联想记忆功能、分布式并行信息处理功能，人们已在不同的领域中取得了非常广泛的实际应用。但同时，ANN也有其明显的缺点。例如，ANN的推理过程由于只能看到输入与输出，无法对其中间过程进行具体的解释；ANN 无法修改和补充其知识，因为它是一种固定联结结构构成的存储结构；神经网络无法处理语义形式上的输入；虽然其能实现聚类学习，可是无法知道具体哪些知识是无用的，哪些知识是有效的。

### （二）模糊控制方法

模糊控制（Fuzzy Contral，FC）逻辑理论提出，与传统的确定数字“非对即错”的思维不符，可是却与人类思维和语言逻辑的模糊性相接近。其特点是：一种非线性控制方法；对对象的数字模型没有依赖关系；其存在内在的并行处理机制，而且表现出极强的鲁莽性；其算法简单、执行快、容易实现。模糊控制已在一些领域取得了很好的研究成果。展示了其处理精确数学模型、非线性、时变和时滞系统的强大功能。但模糊控制系统还有许多理论和设计问题：模糊控制精度较差，存在优化设计问题，需要人工建立一种模糊规则，尚无学习功能。

### （三）专家系统控制方法

专家系统（Expert System，ES）提出。它是在总结专家经验知识的基础上，使机器通过学习获得专家解决问题过程中的模糊性经验，从而使得其具有类似专家解决问题的能力，因而其可以弥补某些领域内的专家数量不足的缺点，专家系统结构见图 4-4。然而，其具有难以获取专家的模糊性经验等知识以及缺乏自主调整学习能力等相关问题。

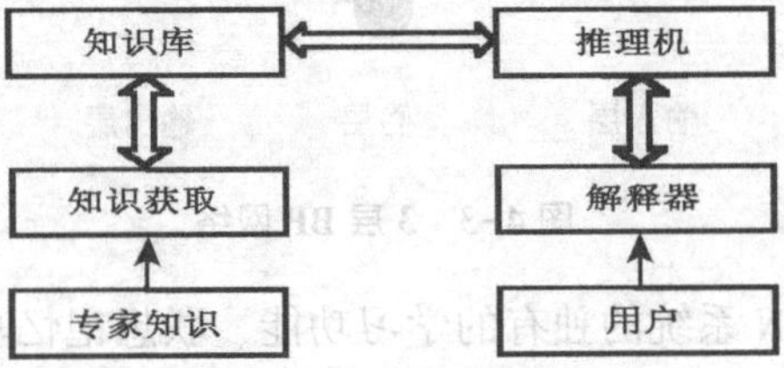


图 4-4　专家系统结构

# 第四节　农业智能决策

## 一、概述

农业智能决策是智能决策技术在农业领域的具体实际应用，属于农业信息处理技术在农业领域内的重要分支之一。它以农业系统论为指导，以管理学、运筹学、控制论以及行为科学为理论基础，以计算机技术、仿真技术和信息技术为手段，以精准农业决策需求为出发点，以构建不同农业领域的智能决策支持系统为目标，实现农业决策信息服务的智能化和精确化。

智能决策是预先将专家的知识和经验转化为计算机能识别的知识，并形成知识库，计算机通过相关的推理机制来形成类似专家的思维方式，为农业生产过程提供可靠、智能的最终决策支持。目前，国内外在农田肥力、品种、灌溉、病虫害预防和防治、农作物产量、动物养殖、动物饲料配方和设施园艺等方面形成了农业智能决策研究。

智能决策支持系统既发挥了专家系统以知识推理形式解决定性分析问题的特点，又充分利用了决策支持系统以模型计算为核心的解决定量分析问题的特点，将定性分析和定量分析有机地结合起来，使解决问题的能力得到进一步的提高。

智能决策系统其实质是作物模拟与人工智能技术的有机结合。作物建模是指建立土壤—作物—大气系统模型，用于定量描述不同土壤、大气环境下的作物阶段发育、器官生长、光合作用的产物积累与分配、土壤水分平衡和养分平衡的过程。作物模拟最主要的作用是动态预测，其缺点是不能直接为用户进行判断决策。专家系统是人工智能技术在农业领域中实际应用的主要表现之一。专家系统能够以知识为基础，进行推理决策，但其缺点是不能预测系统的状况和走向。

## 二、农业智能决策支持系统（AIDSS）的结构及其特点

### （一）农业智能决策支持系统的结构

农业智能决策支持系统的结构是在传统的 DSS 三库结构模型（数据库、模型库、方法库）上通过增加知识库与推理机，在人机对话接口增加语言处理系统而构成的四库系统结构，其结构如图 4-5 所示。

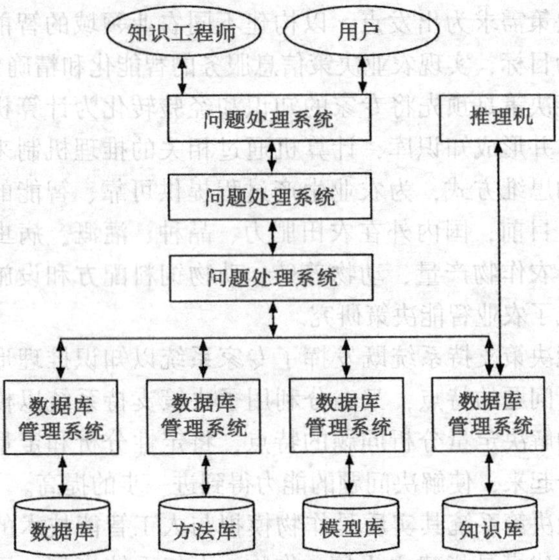


图 4-5　农业智能决策支持系统体系结构

人机会话接口是 DSS 与用户和知识工程师进行交互的界面，它负责从知识工程师那里获取知识，并且接受用户的各种要求，并通过它提供给决策者各种决策信息。

语言处理系统是沟通用户和系统的桥梁，所有用户提出的问题都要通过语言处理系统来描述和响应。

问题处理系统是 IDSS 中不可或缺的部分，它主要完成系统的动态问题求解过程，即接受用户提出的问题，利用知识库中

的专家知识，得出求解过程。

推理机是专家系统中实现基于知识推理的部件在计算机中的实现，主要包括推理和控制两个方面。

知识库用于存取和管理专家知识和经验。具有知识储存、检索、编排、增删、修改和扩充等功能。

**（二）农业智能决策支持系统的特点**

（1）具有一定的自我学习能力：决策者可以按照需求修改和扩充知识库中的相关知识，从而使得解决问题的能力进一步提高。

（2）具有推理机构：能模拟决策者的思维过程，根据决策者的需求，通过人机会话，应用有关的知识引导决策者选择合适的决策模型。

（3）具有智能的模型管理功能：将模型作为一种知识结构进行管理，简化各个子系统间的接口。

## 第五节　农业诊断推理

### 一、概述

农业诊断推理在农业病虫害上的运用具有一定的先进性，能够快速有效地识别农业病虫害的种类，根据病虫害的种类制定一定的治疗方案，可有效地解决病虫害带来的农业损失，大大地提高了农业经济效益，为农业生产提供及时、准确的动植物养殖中的生理状况，减少农业损失，起到提前防治的作用。

病虫害的及时有效防治是保证作物正常生长发育、获得高产的重要因素。某些病虫害发生严重时，有可能造成不小程度的减产。在病发前后广泛喷洒农药，虽能有效控制病虫害，但往往造成果蔬的农药残留超标，污染环境，严重影响人畜健康。所以，准确地预报、防治才是控制病虫害的有效手段。

病虫害的诊断在农作物病虫害的防治体系中一直是比较薄弱的环节。病虫害是否能得到正确的诊断，直接影响到防治工作的成败。正确的诊断病虫，防治人员提出了较高的要求，加上近年来生态环境的不断变化以及病虫灾害的多样性，为病虫害的防治工作带来较大的困难，因为作为专业技术人员，对病虫的诊断需要一定的学习和实践的过程；常常某些病害的来临，非常迅猛，则要求病虫防治人员做出最快的反应。只有这样，才能最大地挽回病虫对农业生产过程所带来的损失。人们在长期与病虫害的斗争中，总结经验，结合实际案例，根据农业诊断推理技术，设计相关的作物病虫害防治诊断专家系统，为农业生产提供防治支援，减少农业损失，提高经济效益。

## 二、农业病虫害诊断专家系统构建

人们在长期与病虫害做斗争的过程中，积累了宝贵的经验，这个经验不是一般的实践经验，而是包含有较高知识含量的防治技术的集成，为了使这些知识财富能被广大的作物病虫防治工作者尽快地掌握应用，作物病虫害防治诊断专家系统应运而生，这大大地提高了农业经济效益，减少了农业生产中的病虫害带来的经济损失。

### （一）专家系统结构

系统的主体结构由中央处理单元（CPU）、数据库、用户界面、知识获取、解释咨询、防治模块（数据库）和图像显示与打印模块构成，如图 4-6 所示。

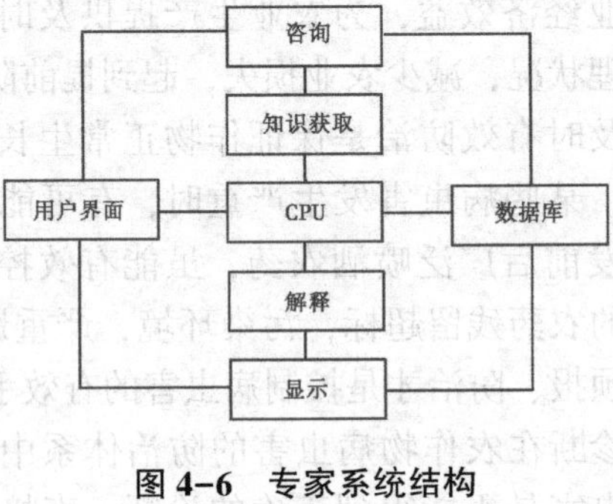


图 4-6　专家系统结构

系统内的数据库包含了病虫害防治所需要的所有资料，其直接影响着专家系统的精度，其中有病害数据库、虫害数据库、诊断数据库、治疗数据库、药物数据库和解释文本数据库。

**（二）专家系统诊断主要的因素确定**

农作物病虫害的发生与发展受多种因素的制约，如温度、湿度、降雨、日照、地理位置、作物栽培制度、作物的生育阶段、病虫害天敌种类及人类活动的影响等。由于影响的因素太多，故应抓主要因素。一般地，将地理位置、栽培制度、生育期、温湿度及时间作为诊断必需的因子，而天敌及人类活动等因素在个别病虫害中，因其影响较大时才予以应用。

系统对病虫害的诊断，主要是依据病症和害虫的幼虫、成虫、卵的形态在害虫防治数据库的支持下提出诊断结果。系统诊断的流程如图 4-7 所示。

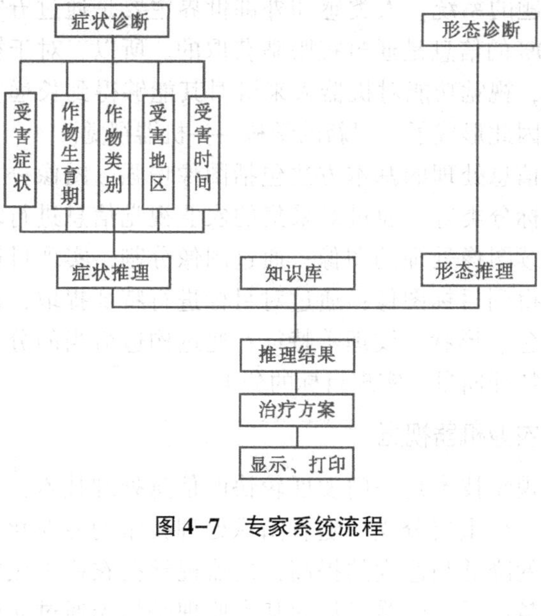


**图 4-7　专家系统流程**

## 第六节 农业视觉信息处理

### 一、概述

农业视觉信息是利用相机、摄像头等图像采集设备获取的农业场景图像，如鱼病视觉诊断图像、水果品质视觉检测图像等，是农业物联网信息的一种。农业视觉处理是指利用图像处理技术对采集的农业场景图像进行处理而实现对农业场景中的目标进行识别和理解的过程。农业视觉信息处理系统通过构建相应的图像采集子系统、图像处理子系统、图像分析子系统、反馈子系统等实现农业视觉信息的综合利用。

为了解决人类自身所面临的问题，人类创造性发明了众多机器设备来减少或者降低人类的工作任务。其中智能设备，尤其是智能机器人成为一种最为理想的形式。智能机器是指这样一种能够模拟人类、并且可以感知周围环境同时解决人类不能解决的问题的系统。人类感知外部世界主要是通过五官，而获取的约80%的信息是通过视眼睛获取的。所以，对于智能机器设备来讲，视觉功能对机器人来讲对其能够得到长远发展尤为重要，也因此形成了一门新的学科——机器视觉。

视觉信息处理的基本方法包括图像增强、图像分割、特征提取和目标分类等。通过对采集的农业视觉信息进行增强，得到已与后续图像处理的图像；通过图像分割，实现目标与背景的分离，得到目标图像；通过对目标进行特征提取，得到关于目标的颜色、形状、纹理等特征；通过构造恰当的分类器，利用得到的特征向量，实现目标的分类。

### 二、农业机器视觉

机器视觉技术是一门发展较快的信息处理技术，是人工智能领域的一个重要分支。随着图像处理技术的专业化、计算机硬件成本的降低和速度的提高，机器视觉在农业领域的应用已变得越来越广泛。机器视觉的基本原理是将光通过光电元件转换成电信号，通过各种成像技术对看到的作业对象进行分析处理，抽取有用的信息将其输出。其结果可供技术人员观察，更多的是直接输入给机器人的控制系统，达到反馈外界环境信息的目的。

机器视觉系统的构成主要包含3个部分：图像获取、图像分析和处理、输出显示或控制，如图4-8所示。

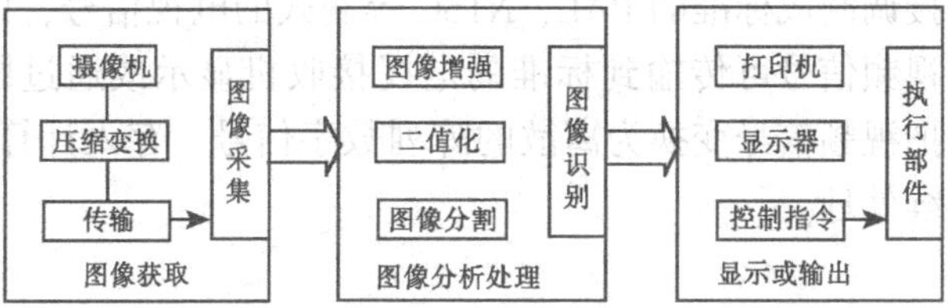


**图4-8　机器视觉系统模块构成**

图像获取，是构成任何机器视觉的基础，其实际上就是将测量对象可视化得变为能够被计算机处理的对应数据。图像获取由3部分组成：照明系统、图像聚焦光学系统、图像敏感元件和视频调制。

照明系统，是机器视觉系统输入的重要因素，它能够直接地对其输入数据的质量产生影响。机器视觉系统常见的光源来源是太阳或者其他的人造光源，但是，他们的一个最大缺陷就是无法保证自身的光源稳定，而且自然环境能够最大程度上地影响光源照射物体上的总体能量。所以，我们一直在寻求稳定的光照来源，因而在对于农业生产中对检测要求很高的工作当中，我们通过采用X射线、超声波等肉眼无法看见的射线以及电磁波作为光源，但是这些光源的稳定性较好，检测结果更加的可靠，不过同时伴随着高昂的价格。

图像聚焦光学系统，即被测物的图像通过一个光学系统，透镜聚焦在敏感元件上。机器视觉系统使用CCD、CMOS等图像传感器来捕捉图像，传感器将可视图像转化为电信号，便于计算机处理。

图像敏感元件是一个光电转换装置，能够将从传感器出获取的图像进行转换，将其变为能够被计算机处理的电信号。现代工业、民用当中主要使用CCD、CMOS等摄像机，是将在成像单元上形成的光学信号转换为电信号，成像单元可以线阵列或面阵列构成，通过按一定顺序每个单元的电荷输出，实现将成像单元上的光信号转换成电信号的目的。输出的像元序列电荷，可以直接调制成标准的PAL、NTSC等制式的电视信号，即视频信号，视频信号可传输到标准的电视接收机显示或通过图像采集装置把视频信号变换为离散的阵列数字信号，存入计算机中，进行后续处理。

# 第五章　农业物联网系统应用

## 第一节　农田小气象（小气候）

农业气象学的主要研究对象是对农业生产有利的光、热、水、气的组合（农业自然资源）和有害的组合（农业自然灾害），以及它们的时间和空间分布规律，从而服务于农业生产中的区域规划、作物种植布局、人工调节小气候和农作物的栽培管理，为农业生产和气候资源的利用提供咨询和建议服务，提高农业经济效益。

具体来讲，农业气象学主要研究的是有利和不利的气象条件对农业生产对象（包括农作物、森林植物、园艺植物、食用菌、牧草、牲畜、家禽、鱼类等各个方面），及其过程（包括农业生产对象的生长发育、品质产量、农业技术的推广和实施、病虫害防治等）的影响，从而促进农业的高产、优质和低成本。可以从两方面进行概括：①影响农业生产的气象的发生、发展及其分布规律；②农业气象如何影响相关的农业问题，以及相应的解决途径。

第二次世界大战以后，急剧增长的人口对粮食供应形成了巨大的压力，而世界范围内的气候变化又带来了诸多影响粮食生产的不稳定因素，引起各国政府的密切关注。在这样的背景下，农业气象学的发展伴随着农业科学和大气科学的快速发展，也得到相当大程度的推进。

当前，农业气象的研究手段主要包括传统农业气象观测和基于传感器的气象信息自动采集。传统的观测手段主要是在农田内定时定点获取气象信息，特点是相当费时费力，且带有一定的主观因素。而应用传感器的自动采集方式则借助传感器技术的快速发展，检测对象涵盖农田小气象、农作物理化参数及农业灾害等各个方面，在实时性、准确性和检测成本方面均具有非常大的优势。

农田小气象研究对象主要是指地形、下垫面特征和其他各种因素（如农田活动面状况、物理特性等）所引起的气象过程及其特征，如辐射平衡和热量平衡的变化，以及各种变化对于农作物生长发育的过程和农产品产量的影响。

## 一、风速、风向传感器

在气象学中，风即指空气的水平移动，这种移动包括风速（水平向量的模）和风向（水平向量的幅度角）两个描述因素，故主要的传感器包括风速传感器和风向传感器。

### （一）风速传感器

风速传感器的主要检测指标包括风速和风量，同时还要能够进行实时的反馈，目前的风速传感器的构造原理主要有以下几种。

1. 超声波涡接测量原理

超声波风速传感器是利用超声波时差法来实现风速的测量，如图 5-1 所示。声音在空气中的传播速度，会和风向上的气流速度叠加。超声波的传播速度会在与风向一致的情况下加快，在相反时减慢。因此，在固定的检测条件下，超声波波速和风速具有对应的函数关系。虽然温度会对超声波波速产生影响，但由于传感器检测的是两个通道的相反方向，因此可以忽略。

2. 压差变化原理

固定一个障碍物（如喷嘴或孔板）在流动方向上，如果流速不一样，则会产生一个压差。通过对压差的测量，就可以得到流速，如图 5-2 所示。

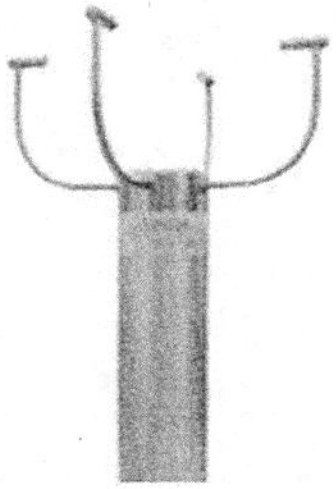

图 5-1　超声波时差风速传感器

图 5-2　压差式风速传感器

因此超声波风速传感器就是利用超声波旋涡调制的原理来测定旋涡频率的，如图 5-3 所示。

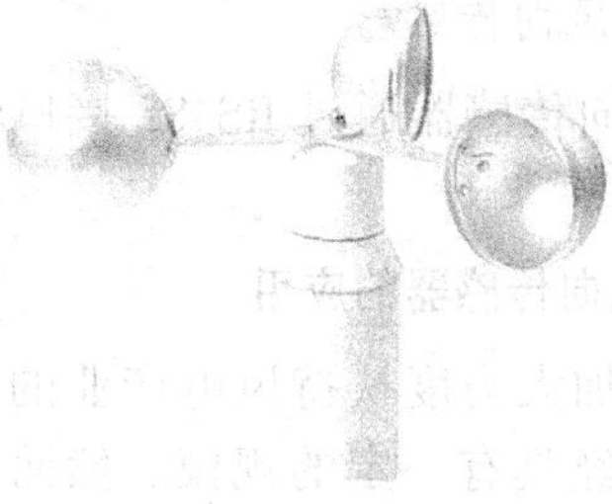

图 5-3　超声波旋涡风速传感器

## （二）风向传感器

风向传感器通过探测风向箭头的转动来获取风向信息，再将信息传送给同轴码盘，以及对应风向各参数的物理装置。如图 5-4 所示，风向传感器可用于农田环境中近地风向的监测，依照工作原理的不同，可分为光电式、电压式和罗盘式等。

### 1. 光电式风向传感器

光电式风向传感器采用绝对式格雷码盘编码转换光电信号以准确地获取风向信息。

图 5-4 风向传感器

2. 电压式风向传感器

电压式风向传感器采用精密导电塑料传感器将风向信息用电压信号输出相。

3. 电子罗盘式风向传感器

电子罗盘式风向传感器通过 RS485 接口输出由电子罗盘获取到的绝对风向。

**（三）风速、风向传感器的应用**

目前，我国正加大力度扶持风电产业的发展，如内蒙古地区的风电产业就已经具有一定的规模。然而风力发电的不稳定却使其成本相对较高，而最大限度地控制风机发电就要准确及时地掌握风向和风速，从而对风机进行实时的调整。同时，电场的位置也要有利于对风速和风向预知，以具有合理分析的基础。因此，风速风向传感器是风电产业发展所必需的基础设施。

通过风速风向传感器，风机可以实时地进入或退出电网（3m/s 左右进入，25m/s 左右退出），保障风力发电机组具有最高的风能转换效率；风向仪还可以指示偏航系统，当风速矢量的方向变化时，能够快速平稳地对准风向，以便风轮获得最大的风能。由此可见，对风速风向传感器这样的关键部件的质量技术要求是很苛刻的。

风杯风速计是最常见的测风仪器，其成本低廉便于使用，但存在着很多问题。例如，移动部件易磨损、体积大、维护困难，并且仪器支架的安装显著地影响量测的准确度，还易出现结冰和吹折，防尘能力差，易出现腐蚀。同时，机械式风速风向仪还存在启动风速，低于启动值的风速将不能驱动螺旋桨或者风杯进行旋转。对于低于启动风速的微风，机械式风速仪将无法测量。

测量风速风向对人类更好地研究及利用风能具有很大的推动作用。风速风向传感器作为风电开发不可缺少的重要组成部分，直接影响着风机的可靠性和发电效率的最大化，也直接关系到风电场业主的利润、赢利能力、满意度。

## 二、雨量传感器

雨量是在一定时段内降落到地面上（忽略渗漏、蒸发、流失等因素）的雨水的深度。雨量传感器的主要构成部件包括承水器、过滤漏斗、翻斗、干簧管、底座和专用量杯等，如图 5-5 所示。雨量传感器可为防洪、供水、水库水情管理等政府或研究部门提供原始数据。如今雨量传感器在市场上也是非常多见，且有多种样式，下边简单介绍一种常见的雨量传感器。

图 5-5 雨量传感器

翻斗式雨量传感器以开关量形式的数字表示输出降水量信息，完成信息的传输和处理，同时，进行记录和显示，如图 5-6 所示。

图 5-6　翻斗式雨量传感器

降雨经由雨量传感器的储水器进入漏斗的上翻斗，积累到一定程度时，重力作用使上翻斗翻转，进入漏斗。降水量经节流管进入计量翻斗，把不同强度的自然降雨转换为均匀的大降雨强度以减少测量误差，当计量翻斗中的降水量为 0.1mm 时，雨量传感器的计量翻斗翻倒降雨使计量翻斗翻转。在翻转时，相应磁钢对干簧管进行扫描。干簧管因磁化而瞬间闭合一次。当接收到降水量时，雨量传感器即开关信号，图 5-7 展示了雨量传感器的结构原理。

雨量计的上翻斗是引水漏斗中的一体化组件，下翻斗为计量斗。下翻斗上增加了一个活动分水板和两个限位柱改变其回转方向，在翻水过程中，活动分水板顶端分水刃口能自动地迴转到降水泄流水柱的边缘临界点位置，当翻斗水满开始翻水时，分水刃口即会立即跨越泄流水柱完成两个承水斗之间的降水切换任务，由此缩短了降水切换时间，减小了仪器测量误差。

雨量传感器翻斗上的两个恒磁钢和两个干簧管，被调整在合适的耦合距离上，使传感器输出的信号与翻斗翻转次数之间具备一定的比例关系。仪器两路输出分别用作现场记数计量和遥测报信。

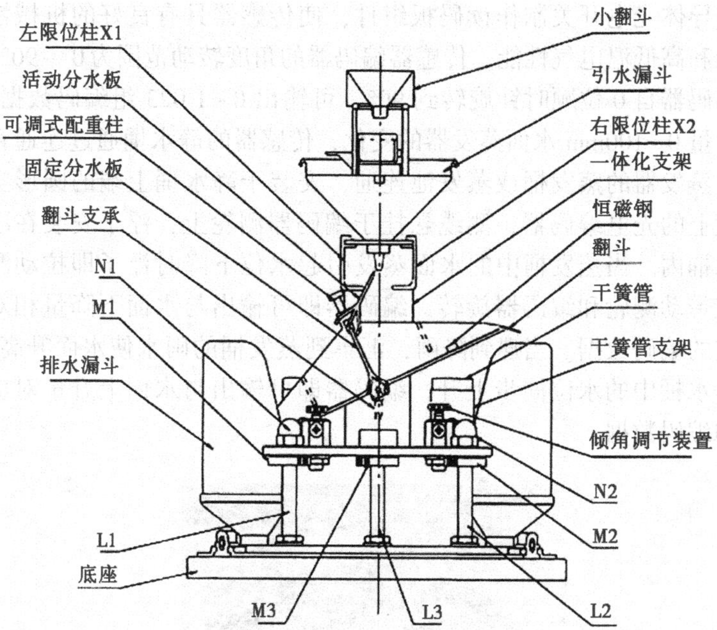


图 5-7　翻斗式雨量传感器结构原理图

## 三、蒸发量传感器

水面蒸发观测是探索水体的水面蒸发在不同地区和时间上的分布规律的有效途径，可以为水文水利计算和科学研究提供依据。随着信息化发展，数字式、超声波水面蒸发传感器应运而生，极大地提到了人工观测的效率，实现自动溢流、自动补水、降水量自动扣除及误差自动修正，使蒸发数据更加准确、客观、实时。

### （一）数字式蒸发传感器

以 FFZ-01、ZQZ-DV 型数字式蒸发传感器为例，如图 5-8 所示，其他数字蒸发量传感器有一样的基本原理。光电开关旋转编码器的编码盘是 FFZ-01、ZQZ-DV 型数字式蒸发传感器的核心部件，用不锈钢材料制作而成，采用工业级 IC 芯片和进口半导体光电开关制作读码板组件，使传感器具有良好的机械性能和高低温电气性能。传感器编码器的角度转动范围为0°~90°，编码器自0位顺时针旋转到90°，可输出0~1 023组编码数据，测量0~100mm水面蒸发器的变化，传感器的静水桶通过连通管与蒸发器的蒸发桶或蒸发池连通，安装于静水桶上端的圆形支板上的光电编码器，测缆悬挂于编码器测轮上，浮子安装在净水桶内。当蒸发桶中的水面蒸发引起水位下降时浮子即拉动测缆带动测轮和编码器旋转，编码器即可输出与水面下降量相对应的编码数据。当遇到降雨，汇集到蒸发桶的雨水使水面升高，静水桶中的水位同步上升，编码器即可输出与水面上升量对应的编码数据。

**图5-8 数字式蒸发传感器**

**（二）超声波蒸发传感器**

对于超声波蒸发传感器主要以AG1-1型和AG2.0型为例进行介绍。AG1-1型超声波蒸发传感器的主要组成成分为超声波传感器和不锈钢圆筒架，在原E601B型蒸发器内安装不锈钢圆筒架且在圆筒顶端安装高精度超声波探头，基于超声测距的原理，对蒸发水面进行连续测量，转换成电信号输出，如图5-9所示。而AG2.0型超声波蒸发传感器核心部分都是超声波蒸发传感器，该仪器由 AG1-1 型超声波蒸发传感器改进而来，可以通过改善测量环境从而较大幅度地提高测量精度。与研发的 AG1-1 型传感器相比，AG2.0 增加了净水桶、连接管、防护罩等附属部分，避免在 E601B 型蒸发器内直接架设不锈钢圆筒支架，在 E601B 型蒸发桶的中部利用连接管将静水桶与蒸发桶连接起来。通过静水桶水面的变化反映蒸发桶内蒸发水面的变化情况。

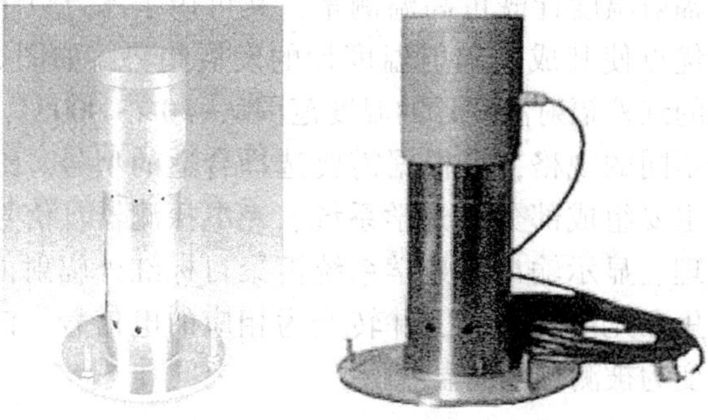

（a）AG1-1　　（b）AG2.0

**图 5-9　超声波蒸发传感器**

## 四、辐照（辐射）传感器

辐射传感器分为红外线传感器与核辐射传感器。红外辐射又称为红外线，波长主要分布在 0.76~1 000 nm，热辐射是红外辐射本质。辐射出来的红外线及辐射强度与物体的温度呈正相关关系，红外线传感器测量时不与被测物体直接接触，因而不存在摩擦，并且有灵敏度高、反应快等优点。

### （一）红外线传感器

红外线传感器是由光学系统、检测元件和转换电路组成，如图 5-10 所示。其中，根据结构不同光学系统可分为透射式和反射式两类；按工作原理来分，检测元件又可分为热敏检测元件和光电检测元件；热敏元件使用最多的是热敏电阻。热敏电阻受到红外线辐射时温度升高，电阻发生变化，通过转换电路变成电信号输出。光电检测元件常用的是光敏元件，通常由硫化铅、硒化铅、砷化铟、砷化锑、碲镉汞三元合金、锗及硅掺杂等材料制成。红外线传感器常用于无接触温度测量，气体成分分析和无损探伤，主要应用于医学、军事、空间技术和环境工程等领域。

### （二）红外辐射温度计

红外辐射温度计既可高温测量，又可用于冰点以下进行温度测量的优点使其成为辐射温度计的发展趋势，如图 5-11 所示。常见的红外辐射温度计的温度范围从-30~3 000℃，中间分成若干个不同的规格，可根据需要选择合适的型号。红外辐射温度计的主要组成部分是光学系统、光电探测器、信号放大器及信号处理、显示输出。光学系统汇聚目标红外辐射能量，红外能量聚焦在光电探测器上并转变为相应的电信号，该信号再经换算转变为被测目标的温度值。

**图 5-10　红外线传感器**

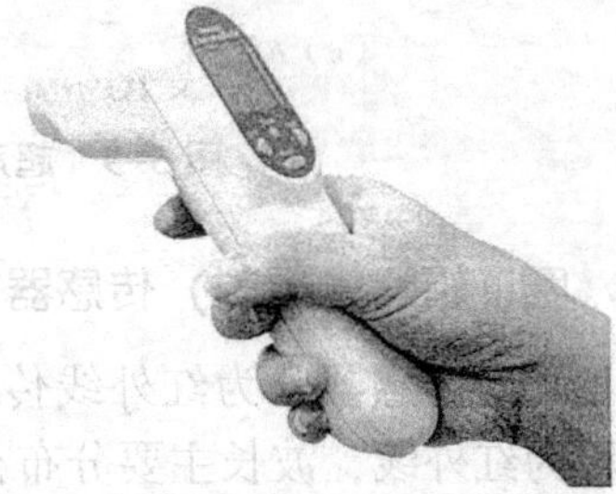

**图 5-11　红外辐射温度计**

## 第二节　大田种植物联网系统应用

大田种植物联网是物联网技术在产前农田资源管理、产中农情监测和精细农业作业以及产后农机指挥调度等领域的具体应用。大田种植物联网通过实时信息采集，对农业生产过程进行及时的管控，建立优质、高产、高效的农业生产管理模式，以确保农产品在数量上的供给和品质上的保证。本章重点介绍墒情气象监控系统、农田环境监测系统、施肥管理测土配方系统、大田作物病虫害诊断与预警系统、农机调度管理系统、精细作业系统，以期使读者对农业物联网大田种植业应用有个全面的认识。

## 一、概述

### （一）我国大田种植业的物联网技术需求

我国种植业发展正处于从传统向现代化种植业过渡的进程当中，急需用现代物质条件进行装备，用现代科学技术进行改造，用现代经营形式去推进，用现代发展理念引领。因此，种植业物联网的快速发展，将会为我国种植业发展与世界同步提供一个国际领先的全新的平台，为传统种植业改造升级起到推动作用。

种植业生产环境是一个复杂系统，具有许多不确定性，对其信息的实时分析是一个难点。随着种植业规模的不断提高，通过互联网获取有用信息以及通过在线服务系统进行咨询是未来发展趋势；未来的计算机控制与管理系统是综合性、多方位的，温室环境监测与自动控制技术将朝多因素、多样化方向发展，集图形、声音、影视为一体的多媒体服务系统是未来计算机应用的热点。

随着传感技术、计算机技术和自动控制技术的不断发展，种植业信息技术的应用将由简单的以数据采集处理和监测，逐步转向以知识处理和应用为主。

神经网络、遗传算法、模糊推理等人工智能技术在种植业中得到不同程度的应用，以专家系统为代表的智能管理系统已取得了不少研究成果，种植业生产管理已逐步向定量、客观化方向发展。

### （二）我国种植业物联网技术特点

大田种植物联网技术主要是指现代信息技术及物联网技术

在产前农田资源管理，产中农情监测和精准农业作业中应用的过程。其主要包括以土地利用现状数据库为基础，应用3S技术快速准确掌握基本农田利用现状及变化情况的基本农田保护管理信息系统；自动检测农作物需水量，对灌溉的时间和水量进行控制，智能利用水资源的农田智能灌溉系统；实时观测土壤墒情，进行预测预警和远程控制，为大田农作物生长提供合适水环境的土壤墒情监测系统；采用测土配方技术，结合3S技术和专家系统技术，根据作物需肥规律、土壤供肥性能和肥料效应，测算肥料的施用数量、施肥时期和施用方法的测土配方施肥系统；采集、传输、分析和处理农田各类气象因子，远程控制和调节农田小气候的农田气象监测系统；根据农作物病虫害发生规律或观测得到的病虫害发生前兆，提前发出警示信号、制定防控措施的农作物病虫害预警系统。

大田种植业所涉及的种植区域多为野外区域，农业区域有两个最大的特点：第一，种植区面积广阔且地势平坦开阔，以这种类型区的典型代表东北平原大田种植区为代表。第二，由于种植区域幅员辽阔，造成种植区域内气候多变。农业种植区的上述两个重要特点直接决定了传统农业中农业生产信息传输的技术需求。由于种植区面积一般较为广阔，造成我们物联网平台需要监控的范围较大，且野外传输受到天气等因素的影响传输信号稳定性成为关键。而农业物联网监控数据采集的频率和连续性要求并不太高，因此远距离的低速数据可靠性传输成为一项需求技术。且由于传输距离较远，数据采集单元较多，采用有线传输的方式往往无法满足实际的业务需求，也不切合实际，因此一种远距离低速数据无线传输技术成为了传统农业中农业信息传输需求的关键技术需求。

## 二、大田种植物联网总体框架

### （一）种植业物联网应用平台体系架构

大田种植物联网按照三层架构的规划，依据信息化建设的标准流程，结合“种植业标准化生产”的要求，项目的内容主要分为种植业物联网感知层、种植业物联网传输层、种植业物联网服务平台和种植业物联网应用层内容如图 5-12 所示。

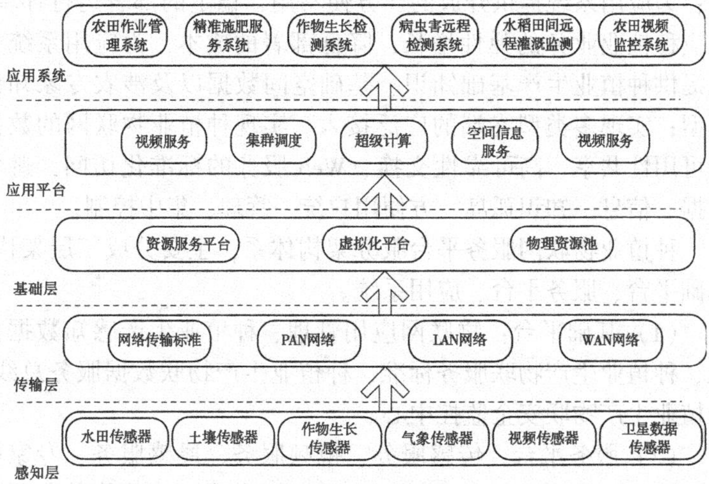


**图 5-12 种植业物联网技术体系结构**

（1）感知层：主要包括农田生态环境传感器、土壤墒情传感器、气象传感器、作物长势传感器、农田视频监测传感器，灌溉传感器（水位、水流量），田间移动数据采集终端等。重点实现对大田作物生长、土壤状态、气象状态和病虫害的信息进行采集。

（2）传输网络：传输网络包括网络传输标准、PAN 网络、LAN 网络、WAN 网络。通过上述网络实现信息的可靠和安全传输。

（3）种植业物联网服务平台：种植业物联网服务平台服务架构体系，主要分成三层架构：基础平台、服务平台、应用系统。

**（二）种植业物联网服务平台服务体系架构**

大田种植业物联网综合应用服务平台，为种植业物联网应用系统提供传感数据接入服务、空间数据、非空间数据访问服务；为应用系统提供开放的、方便易用、稳定的部署运行环境，适应种植业业务的弹性增长，降低部署的成本，为应用系统开发提供种植业生产基础知识、基础空间数据以及涉农专家知识模型；实现多类型终端的广泛接入。实现种植业物联网的数据高可用性共享、高可靠性交换、Web 服务的标准化访问，避免数据、信息、知识孤岛，方便用户统一管理、集中控制。

种植业物联网服务平台服务架构体系，主要分成三层架构：基础平台、服务平台、应用系统。

（1）基础平台：物联网应用管理、种植业生产感知数据标准、种植业生产物联服务标准、种植业生产物联数据服务总线、种植业生产物联安全监控中心。

（2）服务平台：传感服务、视频服务、遥感服务、专家服务、数据库管理服务、GIS 服务、超级计算服务、多媒体集群调度、其他服务。

（3）应用系统：农作物种子质量检测产品应用、水稻工厂化育秧物联网技术应用、智能程控水稻芽种生产系统、智能程控工厂化育秧系统、便携式作物生产信息采集终端及管理系统、水稻田间远程灌溉监控系统、农田作业机械物联网管理系统、农田生态环境监测系统、农田作物生长及灾害视频监控系统、大田生产过程专家远程指导系统、农作物病虫害远程诊治系统、地块尺度精准施肥物联网系统、天地合一数据融合技术灾害监测系统、种植业生产应急指挥调度系统应用。

种植业物联网综合应用服务平台主要提供数据管理服务、基础中间件管理服务、资源服务等功能。

（1）数据管理服务：主要提供种植业物联网多源异构感知数据的统一接入、海量存储、高效检索和数据服务对外发布功能。

（2）基础中间件管理服务：主要提供空间数据处理与 GIS 服务能力，总线服务、业务流程编排运行环境，SOA 软件集成环境，认证、负载平衡等，并使跨越人、工作流、应用程序、系统、平台和体系结构的业务流程自动化，实现服务通信、集成、交互和路由。

（3）资源服务：主要解决用户统一集中的数据访问，种植业生产服务运服务集中注册、动态查找及访问功能，实现构件资源标准化描述、集中存储与共享，方便应用系统集成。

## 三、墒情监控系统

墒情监控系统建设主要含三大部分。一是建设墒情综合监测系统，建设大田墒情综合监测站，利用传感技术实时观测土壤水分、温度、地下水位、地下水质、作物长势、农田气象信息，并汇聚到信息服务中心，信息中心对各种信息进行分析处理，提供预测预警信息服务；二是灌溉控制系统，主要是利用智能控制技术，结合墒情监测的信息，对灌溉机井、渠系闸门等设备的远程控制和用水量的计量，提高灌溉自动化水平；三是构建大田种植墒情和用水管理信息服务系统，为大田农作物生长提供合适的水环境，在保障粮食产量的前提下节约水资源。系统包括：智能感知平台、无线传输平台、运维管理平台和应用平台。系统总体结构图如图 5-13 所示。

墒情监控系统针对农业大田种植分布广、监测点多、布线和供电困难等特点，利用物联网技术，采用高精度土壤温湿度传感器和智能气象站，远程在线采集土壤墒情、气象信息，实现墒情（旱情）自动预报、灌溉用水量智能决策、远程/自动控制灌溉设备等功能。该系统根据不同地域的土壤类型、灌溉水源、灌溉方式、种植作物等划分不同类型区，在不同类型区内选择代表性的地块，建设具有土壤含水量，地下水位，降水量等信息自动采集、传输功能的监测点。

通过灌溉预报软件结合信息实时监测系统，获得作物最佳

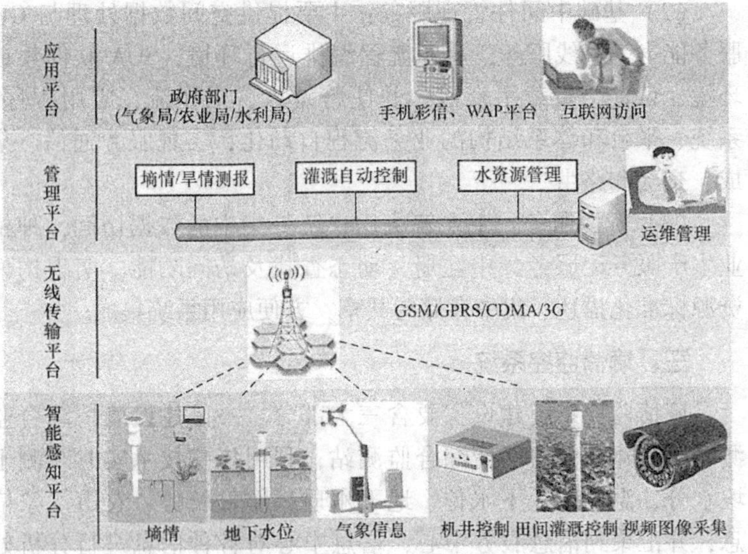


**图 5-13　墒情监控系统总体结构**

灌溉时间、灌溉水量及需采取的节水措施为主要内容的灌溉预报结果，定期向群众发布，科学指导农民实时实量灌溉，达到节水目的。

该设备可实现对灌区管道输配水压力、流量均衡及调节技术，实现灌区管道输配水关键调控设备（设施），并完成监测。

## 四、农田环境监测系统

农田环境监测系统主要实现土壤、微气象和水质等信息自动监测和远程传输。其中，农田生态环境传感器符合大田种植业专业传感器标准，信息传输依据大田种植业物联网传输标准，根据监测参数的集中程度，可以分别建设单一功能的农田墒情监测标准站、农田小气候监测站和水文水质监测标准站，也可以建设规格更高的农田生态环境综合监测站，同时采集土壤、气象和水质参数。监测站采用低功耗、一体化设计，利用太阳能供电，具有良好的农田环境耐受性和一定防盗性。

基于大田种植物联网中心基础平台，遵循物联网服务标准，开发专业农田生态环境监测应用软件，给种植户、农机服务人员、灌溉调度人员和政府领导等不同用户，提供互联网和移动互联网的访问和交互方式。实现天气预报式的农田环境信息预报服务和环境在线监管与评价。

以农田气象监测系统建设为例（图 5-14），该系统主要包括三大部分。一是气象信息采集系统，是指用来采集气象因子信息的各种传感器，主要包括雨量传感器、空气温度传感器、空气湿度传感器、风速风向传感器、土壤水分传感器、土壤温度传感器、光照传感器等；二是数据传输系统，无线传输模块能够通过 GPRS 无线网络将与之相连的用户设备的数据传输到 Internet 中一台主机上，可实现数据远程的透明传输；三是设备管理和控制系统。执行设备是指用来调节农田小气候各种设施，主要包括二氧化碳生成器、灌溉设备；控制设备是指掌控数据采集设备和执行设备工作的数据采集控制模块，主要作用为通过智能气象站系统的设置，掌控数据采集设备的运行状态；根

**图 5-14 农田气象监测设备**

据智能气象站系统所发出的指令，掌控执行设备的开启/关闭。

## 五、施肥管理测土配方系统

施肥管理测土配方系统是指建立在测土配方技术的基础上，以3S技术（RS、GIS、GPS）和专家系统技术为核心，以土壤测试和肥料田间试验为基础，根据作物需肥规律、土壤供肥性能和肥料效应，在合理施用有机肥料的基础上，提出氮、磷、钾及中、微量元素等肥料的施用数量、施肥时期和施用方法的系统。测土配方系统的成果主要应用于耕地地力评价和施肥管理两个方面。

（1）地力评价与农田养分管理：是利用测土配方施肥项目的成果对土壤的肥力进行评估，利用地理信息系统平台和耕地资源基础数据库，应用耕地地力指数模型，建立县域耕地地力评价系统，为不同尺度的耕地资源管理、农业结构调整、养分资源综合管理和测土配方施肥指导服务。

（2）施肥推荐系统：是测土配方的目的，借助地理信息系统平台，利用建立的数据库与施肥模型库，建立配方施肥决策系统，为科学施肥提供决策依据。

地理信息系统与决策支持系统的结合，形成空间决策支持系统，解决了传统的配方施肥决策系统的空间决策问题，以及可视化问题。目前GIS与虚拟现实技术（虚拟地理环境）的结合，提高了GIS图形显示的真实感和对图形的可操作性，进一步推进了测土配方施肥的应用。

利用信息技术开发计算机推荐施肥系统、农田监测系统被证明是推广农田种植信息化的有效技术措施。根据以往研究的经验，应着重系统属性数据库管理的标准化研究，建立数据库规范与标准，加强农业信息的可视化管理，以此来实现任意区域信息技术的推广应用。

## 六、大田作物病虫害诊断与预警系统

农业病虫害是大田作物减产的重要因素之一，科学地监测、预测并进行事先的预防和控制，对农业增收意义重大。为了解决我国病虫害发生严重、农业生产分散、病虫害专家缺乏、农民素质低、科技服务与推广水平差等现实问题，设计开发了农业病虫害远程诊治及预警平台。该平台是现代通信技术、计算机网络和多媒体技术发展的最新成果，养殖户可以通过 Web、电话、手机等设备对农业病虫害进行诊断和治疗，同时也可以得到专家的帮助。该平台实现了农业病虫害诊断、防治、预警等知识表示、问题求解与视频会议、呼叫中心、短消息等新技术的有效集成，实现了通过网络诊断、远程会诊、呼叫中心和移动式诊断决策多种模式的农业病虫害诊断防治体系。

大田作物病虫害远程诊治和预警平台的体系结构分为 5 层，由基础硬件层、基础信息层、应用支撑平台、应用层、界面层组成，如图 5-15 所示。

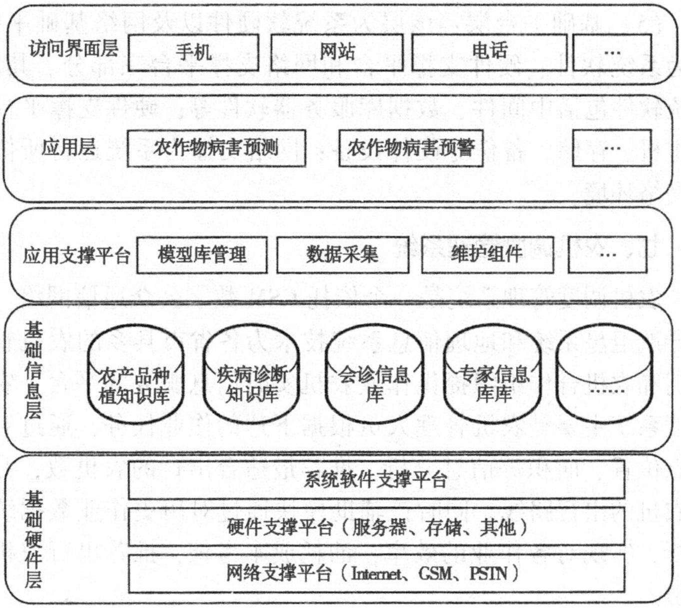


图 5-15 农业病虫害诊断与预警系统体系架构

(1) 访问界面层：该层是直接面向用户的系统界面。用户可以通过多种方法访问系统并与系统交互，访问方式包括手机网站、电话等。要求界面友好，操作简单。

(2) 应用层：提供所有的信息应用和疾病诊断的业务逻辑。主要包括分解用户诊断业务请求，通过应用支撑层进行数据处理，并将返回信息组织成所需的格式提供给客户端。

(3) 应用支撑层：构建在 J2EE 应用服务器之上，提供了一个应用基础平台，并提供大量公共服务和业务构件，提供构件的运行、开发和管理环境，最大限度提高开发效率，降低工程实施、维护的成本和风险。

(4) 信息资源层：整个系统的信息资源中心，涵盖所有数据。它是信息资源的存储和积累，为农业病虫害诊治应用提供数据支持。

(5) 基础平台层：该层为系统软硬件以及网络基础平台，分为系统软件、硬件支撑平台和网络支撑平台三部分。其中，系统软件包括中间件、数据库服务器软件等；硬件支撑平台包括主机、存储、备份等硬件设备；网络支撑为系统运行所依赖的网络环境。

## 七、农机调度管理系统

农机调度管理系统是一个依托 GSM 数字公众通信网络、全球导航卫星系统和地理信息系统技术为各省市县乡的农机管理部门和农机合作组织提供作业农机实时信息服务的平台。农机调度系统主要是农机管理人员根据下达的作业任务，通过对收割点位置、面积等信息分析，推荐最适合出行的农机数，并规划农机的出行路线。同时该辅助模块通过对历史作业数据统计分析，实现对各作业的效率，油耗成本考核，推荐出行农机操作员。

该系统通过对车台传回的数据进行处理分析，可以准确获取当前作业农机的实时位置、油耗等数据。实时跟踪显示当前农机的作业情况，提供有效作业里程、油耗等数据的统计分析，并可提供农机历史行走轨迹的检索和回放，实现对农机作业的远程监控，辅助管理者进行作业调度，提供农机作业服务的效率。

农机监控调度系统主要包括3个部分：车载终端、监控服务器端、客户端监控终端。

(1) 车载终端：安装在作业农机上的集成了GPS定位模块、GPRS无线通信模块、中心控制模块和多种状态传感器的机载终端设备。通过GPS模块获取农机地理位置（经度、纬度、海拔）数据，同时通过外接的油耗传感器、灯信号传感器、速度传感器等获取农机实时状态数据，然后将这些数据通过GPRS无线通信模块上传到监控服务器端。

(2) 监控服务器端：在逻辑上分为车载终端服务器、监控终端服务器、数据库服务器3个部分。车载终端服务器主要负责与车载终端进行通信，接收各个车载终端的数据并将这些数据存储到调度中心的数据库中，同时可以向车载终端发出控制指令和调度信息。监控终端服务器主要与客户端调度中心进行交互，解析和响应客户端的请求，从数据库中提取数据返回给客户端。数据库服务器统一存储和管理农机的位置、状态、工作参数等数据，定期对历史数据进行备份和转存，为车载终端服务器和监控终端服务器提供数据支持。

(3) 客户端监控终端：运用地理信息系统技术，提供对远程作业农机位置、状态等各种信息的实时监控处理，在电子地图上直观显示农机位置等信息，同时实现对各监管农机作业数据查询编辑、统计分析，面向农机作业管理人员发布农机调度信息，实现远程农机作业监管和调度。监控终端也可以通过电话方式联通手机传达调度指令，实现对车辆的实时调度。

## 八、精细作业系统

精准作业系统主要包括变量施肥播种系统、变量施药系统、变量收获系统、变量灌溉系统。

自动变量施肥播种系统就是按土壤养分分布配方施肥，保证变量施肥机在作业过程中根据田间的给定作业处方图，实时完成施肥和播种量的调整功能，提高动态作业的可靠性以及田间作业的自动化水平。采用基于调节排肥和排种口开度的控制方法，结合机、电、液联合控制技术进行变量施肥与播种。

基于杂草自动识别技术的变量施药系统利用光反射传感器辨别土壤、作物和杂草。利用反射光波的差别，鉴别缺乏营养或感染病虫害的作物叶子进而实施变量作业。一种是利用杂草检测传感器，随时采集田间杂草信息，通过变量喷撒设备的控制系统，控制除草剂的喷施量；另一种是事先用杂草传感器绘制出田间杂草斑块分布图，然后综合处理方案，绘出杂草斑块处理电子地图，由电子地图输出处方，通过变量喷药机械实施。

变量收获系统利用传统联合收割机的粮食传输特点，采用螺旋推进称重式装置组成联合收割机产量流量传感计量方法，实时测量田间粮食产量分布信息，绘制粮食产量分布图，统计收获粮食总产量。基于地理信息系统支持的联合收割机粮食产量分布管理软件，可实时在地图上绘制产量图和联合收割机运行轨迹图。

变量精准灌溉系统根据农作物需水情况，通过管道系统和安装在末级管道上的灌水装置（包括喷头、滴头、微喷头等），将水及作物生长所需的养分以适合的流量均匀、准确地直接输送到作物根部附近土壤表面和土层中，以实现科学节水的灌溉方法。将灌溉节水技术、农作物栽培技术及节水灌溉工程的运行管理技术有机结合，通过计算机通用化和模块化的设计程序，构筑供水流量、压力、土壤水分。作物生长信息、气象资料的自动监测控制系统，能够进行水、土环境因子的模拟优化，实现灌溉节水、作物生理、土壤湿度等技术控制指标的逼近控制，将自动控制与灌溉系统有机结合起来，使灌溉系统在无人干预的情况下自动进行灌溉控制。

## 第三节 设施农业物联网系统应用

伴随着人们生活水平的提高，对农产品要求的提高也与日俱增，因此，设施农业的发展就上升到一定的高度。在实现高产、高效、优质、无污染等方面，设施农业技术的发展可有效解决这些问题。近年来，我国以塑料大棚和日光温室为主体的设施农业迅速发展，但仍存在生产水平和效益低下、科技含量低、劳动强度大等问题，因此设施农业的技术改进迫在眉睫。设施农业可以有效地提高土地的使用效率，因此在我国得到快速发展。物联网和设施农业的融合，也使设施农业的发展迎来了春天，物联网在信息的感知、互联、互通等方面有着极大的优势，因此，可有效实现设施农业的智能化发展。本节主要介绍设施农业物联网的监控系统、功能、病虫害预测预警系统，以及在重要领域的应用，以便读者对设施农业物联网有一个全面的认知。

### 一、设施农业概述

#### （一）设施农业的介绍

设施农业是一种新型的农业生产方式，主要通过借助温室及相关配套装置来适时调节和控制作物生产环境条件。设施农业融合特定功能的工程装备技术、管理技术及生物信息技术等，用来控制作物局部生产环境，为农、林、牧、副、渔等领域提供相对可控的环境条件，如温湿度、光照等环境条件。智能控制相较于人工控制的最大好处是可维持相对稳定的局部环境，减少因自然因素造成的农业生产损失。设施农业因其采用了大量的传感器如温湿度、光照等传感器，摄像头、控制器等，加之又融合 3G 网络技术，使得设施农业智能化程度飞速提升，在保证作业质量的前提下有效地提高了工作效率。

传感器，作为设施农业物联网技术中的关键一环，常见的如温湿度、光照、压敏、$CO_2$、pH 值等传感器在设施农业中可对作物生长环境及生长状态等进行有效监测。其实物见图 5–16。

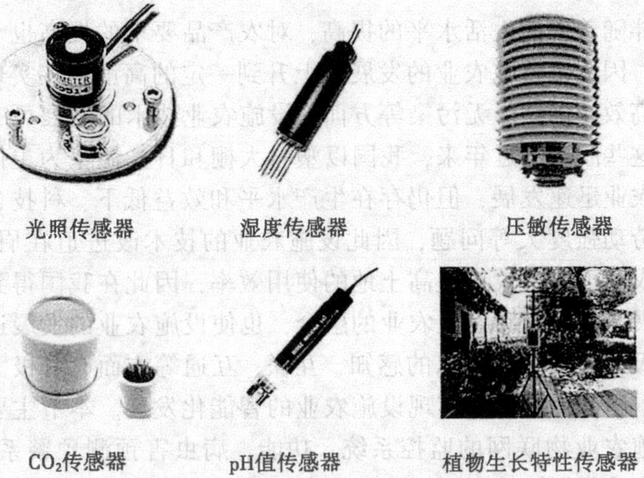


图 5–16　农业物联网常用传感器

（二）设施农业物联网技术发展的背景

设施农业因其可提高单位面积土地使用率等突出成效而得到较快发展。设施农业是一个相对可以调节的人工环境，棚内环境对作物的生产影响很大，大量的农民开始从事设施农业如果对调节这种环境的意识不足，而作业又很粗放，我们推广队伍的专家数量有限，农民遇到技术问题的时候，不能够快速地得到充分的服务，这也是亟待解决的问题。对于外界的气象条件发生突变，尤其是在北方地区，如果在夜间发生大降温、下雪等，可能会造成不可挽救的损失。所以设施农业物联网应用系统的诞生将把温室的温度、湿度、光度等参数通过手机的无线通信传输到互联网的平台上来，互联网的平台可以监测大量温室，数据会显示发生异常的温室，这个系统会立刻自动地以短信的形式发到农户的手机上，对异常情况提出预警，以便进一步采取措施。这就是设施农业物联网应用系统的产生背景。

## 二、设施农业物联网监控系统

设施农业物联网以全面感知、可靠传输和智能处理等物联网技术为支撑和手段，以自动化生产、最优化控制和智能化管理为主要生产方式，是一种高产、高效、低耗、优质、生态、安全现代化农业发展模式与形态。主要由设施农业环境信息感知、信息传输和信息处理这三个环节构成（组成结构如图 5-17 所示）。各个环节的功能和作用如下。

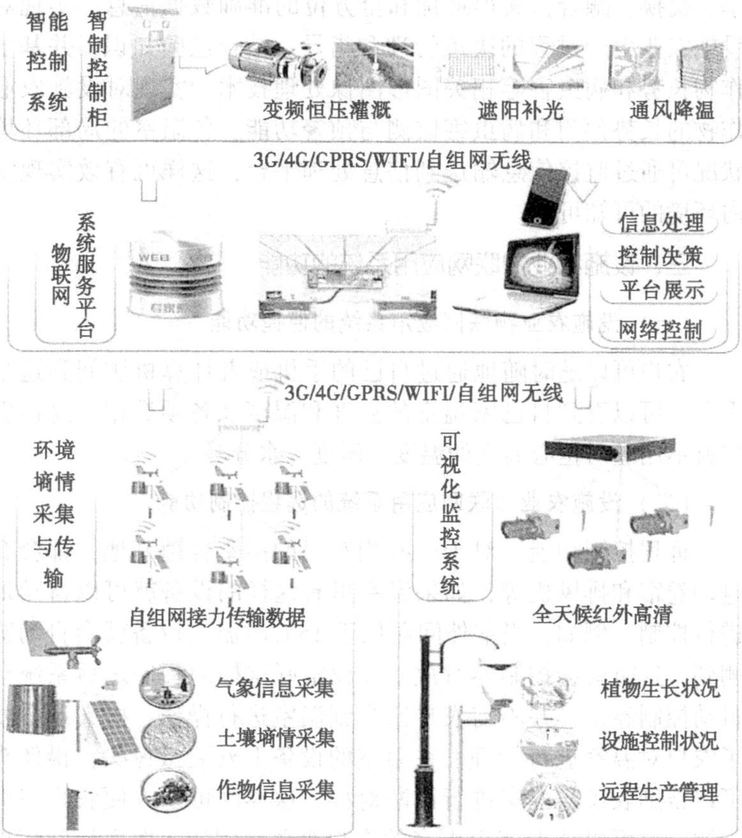


图 5-17　设施农业物联网监控系统

（1）设施农业物联网感知层：设施农业物联网的应用一般对温室生产的7个指标进行监测，即通过土壤、气象和光照等传感器，实现对温室的温、水、肥、电、热、气和光进行实时调控与记录，保证温室内有机蔬菜和花卉在良好环境中生长。

（2）设施农业物联网传输层：一般情况下，在温室内部通过无线终端，实现实时远程监控温室环境和作物长势情况。手机网络或短信是一种常见的获取大田传感器所采集信息的方式。

（3）设施农业物联网智能处理层：通过对获取的信息的共享、交换、融合，获得最优和全方位的准确数据信息，实现对设施农业生产过程的决策管理和指导。结合经验知识，并基于作物长势和病虫害等相关图形图像处理技术，实现对设施农业作物的长势预测和病虫害监测与预警功能。各温室的局部环境状况可通过监控信息输送到信息处理平台，这样可有效实现室内环境的可知可控。

## 三、设施农业物联网应用系统的功能

### （一）设施农业物联网应用系统的便捷功能

农户可以随时随地通过自己的手机或者计算机访问到这个平台，可以看到自己家温室的温度和湿度及各项数据。这样农户就不用随时担心温室的温度、湿度、水分等。

### （二）设施农业物联网应用系统的远程控制功能

远程控制功能，对于一些相对大的温室种植基地，都会有电动卷帘和排风机等，如果温室里有这样的设备就可以自动地进行控制。例如，当室外问题低于15℃时温室设备就会自动监测到，这时就会控制卷帘放下，设定好这样的程序之后系统会自动控制卷帘，并不需农户亲自到温室进行操作，极大地方便了农户对温室进行管理。在温室的设备上安装摄像头，摄像头可以帮助农民与专家进行诊断对接，这样既可以方便农户咨询问题，也可以让专家为更多的农户服务。例如，发生特殊病虫害，农户可以将其拍下来告诉专家，专家再来提供服务，流程非常简单且易于操作。

**（三）设施农业物联网应用系统的查询功能**

农户可以通过查询功能随时随地用移动设备登录查询系统，可以查看温室的历史温度曲线，以及设备的操作过程。查询系统还有查询增值服务功能，当地惠农政策、全国的行情、供求信息、专家通道等，实现有针对性的综合信息服务，历史温湿度曲线就是每天都是这样的规律，当规律打破出现异常的时候，它会立刻得到报警，报警功能需要预先设定适合条件的上限值和下限值，超过限定值后，就会有报警响应。

## 四、设施农业病虫害预测预警系统

设施农业病虫害预测预警系统可有效解决病虫害的预报数据，并及时发布预处理结果，实现病虫害发生前期、中期的预警分析、病虫害蔓延范围时空叠加分析；大棚对周边地区病虫害疫情进行防控预案管理、捕杀方案辅助决策、防控指令与虫情信息上传下达等功能，为设施病虫害联防联控提供分析决策和指挥调度平台。因此系统包括以下 4 个部分：病虫害实时数据采集模块、病虫害预测预报监控与发布模块、各区县重大疫情监测点数据采集与防控联动模块、病虫害联防联控指挥决策模块，具体如图 5-18 所示。

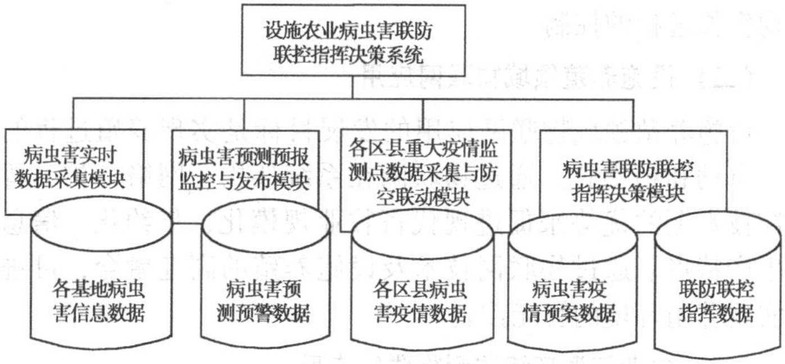


**图 5-18　设施农业病虫害联防联控指挥决策系统**

（1）病虫害实时数据采集模块：主要是实时采集各基地的病虫害信息数据，并在数据库中存储，为后续的疫情监测提供服务。

（2）病虫害预测预报监控与发布模块：将上述采集的数据进行统计分析，发布并及时显示分析结果及解决方案，方便相关人员进行浏览和查询病虫害相关信息。

（3）各区县重大疫情监测点数据采集与防控联动模块：此模块负责实现上级控制中心与各区县现有重大疫情监测点系统的联网，实现数据的实时采集，实现上级防控指挥命令和文件的下达，实现各区县联防联控的进展交流和上级汇报。

（4）病虫害联防联控指挥决策模块：综合以上各环节信息，发布指挥决策包括病虫害联防联控预案制定、远程防控会商决策、防控方案制定与下发、远程防控指挥命令实时下达、疫情防控情况汇报与汇总及监控区域的联防联控指挥及决策。

## 五、设施农业物联网重点应用领域

### （一）设施种植领域物联网应用

设施种植领域物联网应用的发展目标是实现农作物生长过程信息的感知、采集、输送、存储、处理等系列过程的集约、精细和智能化。同时，以优质、高产、高效、可持续发展为宗旨，融合信息采集技术、实时监控技术等系列技术来实现设施作物生长过程的控制。

### （二）设施养殖领域物联网应用

设施养殖领域物联网应用的发展目标是实现养殖过程的智能、自动和精准化。通过物联网在系统架构、网络结构、智能监控技术上的优势来促进现代畜牧业规模化、集约化、信息化的生产特点。通过物联网技术及设施养殖的高速融合，可进一步实现养殖环境的智能控制。

### （三）农业资源环境监测物联网应用

农业资源环境物联网应用的发展目标是建立农产品生长环

境、农产品品质监测等溯源体系。在相关技术的支持下，通过对动植物生长自然环境因子的监测、分析、预警等来实现农产品产地关键性环境参数的智能采集、环境实时监控与跟踪。

**（四）农产品加工质量安全物联网应用**

农产品加工质量安全物联网应用的发展目标是建立农产品电子溯源标准化体系。通过系列设备、相关技术支持，通过对农产品生长、加工中心区的环境的监测，来建立实时高效快捷的农产品监控系统，以保证农产品从产地到餐桌的安全卫生。

**（五）农村信息智能化推送服务物联网应用**

农村信息智能化推送服务物联网应用的发展目标是融合各方资源，在物联网等平台的支撑下，服务“三农”。同时应用相关技术手段，开展农村现代远程教育等信息咨询和知识服务，推广相应科技成果。

**（六）开发应用综合智能管理系统**

开发应用综合智能管理系统的发展目标是综合应用物联网的自主组网技术、宽带传输技术、云服务技术、远程视频技术等，将示范区域内各类智能化应用子系统集成于一个综合平台，实现远程实时展示、监控与统一管理。

## 第四节 果园农业物联网系统应用

果园农业物联网是农业物联网非常重要的一大应用领域，其采用先进传感技术、果园信息智能处理技术和无线网络数据传输技术，通过对果园种植环境信息的测量、传输和处理，实现对果园种植环境信息的实时在线监测和智能控制。这种果园种植的现代化发展，大大减轻了果园管理人员的劳动强度，而且可以实现果园种植的高产、优质、健康和生态。

### 一、概述

我国是一个传统的农业大国，果树的种植区域分布广泛，环境因素各不相同，且存在环境的不确定性。传统的果树种植业一般是靠果农的经验来管理的，无法对果树生长过程中的各种环境信息进行精确检测，而且果树种植具有较强的区域性，在不进行有效的环境因子测量的情况下，果树生长的统一集中管理难以进行。

随着现代传感器技术、智能传输技术和计算机技术的快速发展，果园的土壤水分、温度和营养信息将会快速准确地传递给人们，同时经过计算机的处理，以指导实际管理果园的生产过程。

因此，在果园信息管理中引入物联网技术，将帮助我们提高该果园的信息化水平和智能化程度，最终形成优质、高效、高产的果园生产管理模式。

## 二、果园种植物联网总体结构

果园种植物联网按照三层框架的规划，按照智能化建设的标准流程，结合“种植业标准化生产”的要求。果园物联网总体结构可以分为果园物联网感知层、传输层、物联网服务层和物联网应用层。图 5-19 为果园种植物联网总体结构。

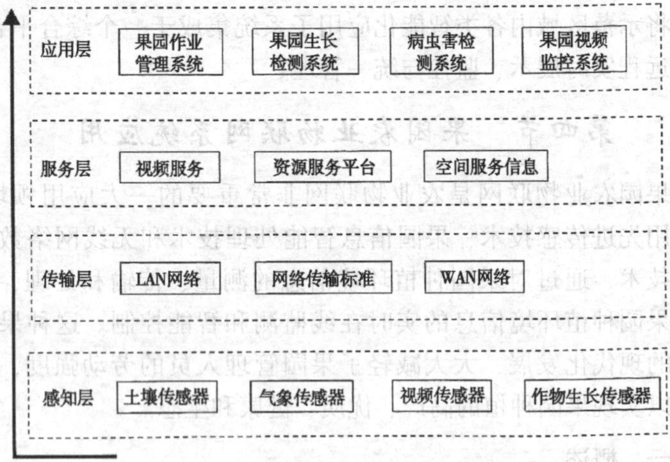


图 5-19　果园种植物联网总体结构

感知层主要由土壤传感器、气象传感器、作物生长传感器和果园食品监控传感器等组成。上述设备能够帮助我们采集果园的生态环境、作物生长信息和病虫害信息。

传输层包括网络传输标准、LAN 网络、WAN 网络和一些基本的通信设备，通过这些设备可以实现果园信息的可靠和安全传输。

服务层主要有传感服务、视频服务、资源管理服务和其他服务，使用户实时获取想要的信息。

应用层包括果园作业管理系统、果树生长检测系统、病虫害检测系统和果园视频监控系统等应用系统，用户可以应用这些设备来更好地管理果园。

## 三、果园环境监测系统

果园环境监测系统主要实现土壤、温度、气象和水质等信息自动测量和远程通信。监测站采用低功耗、一体化设计，利用太阳能供电，具有良好的果园环境适应能力。果园农业物联网中心基础平台上，遵循物联网服务标准，开发专业果园生态环境监测应用软件，给果园管理人员、农机服务人员、灌溉调度人员和政府领导等不同用户，提供天气预报式的果园环境信息预报服务和环境在线监管与评价服务。图 5-20 为果园环境监测设备。

果园环境数据采集主要包含两个部分：视频信息的数据采集和环境因子的数据采集。主要构成部分有气象数据采集系统，土壤墒情检测系统，视频监控系统和数据传输系统。可以实现果园环境信息的远程监测和远距离数据传输。

土壤墒情监测系统主要包括土壤水分传感器、土壤温度传感器等，是用来采集土壤信息的传感器系统。气象信息采集系统包括光照强度传感器、降水量传感器、风速传感器和空气湿度传感器，主要用于采集各种气象因子信息。视频监控系统是利用摄像头或者红外传感器来监控果园的实时发展状况。

图 5-20　果园环境监测设备

数据传输系统主要由无线传感器网络和远程数据传输两个模块构成，该系统的无线传感网络覆盖整个果园面积，把分散数据汇集到一起，并利用 GPRS 网络将收集到的数据传输到数据库。图 5-21 为果园环境监测系统示意图。

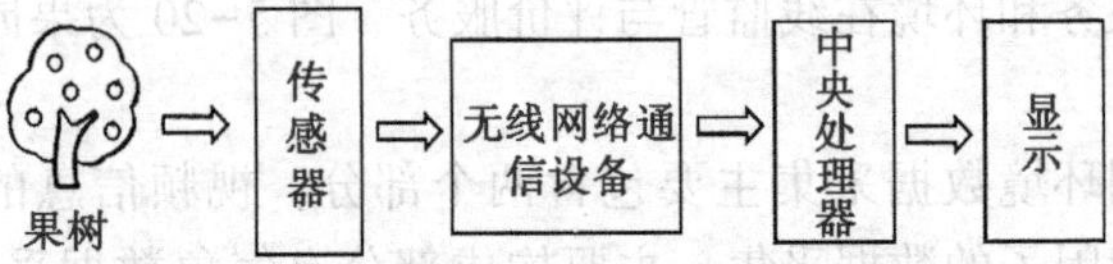


图 5-21　果园环境监测系统示意图

## 四、果园害虫预警系统

农业病虫害是果树减产的重要因素之一，科学地监测、预测并进行事先的预防和控制，对作物增收意义重大。

传统的果园环境信息监控一般是靠果农的经验来收集和判断，但是果农的经验并不都一样丰富，因而不是每一个果农都能准确地预测果园的环境信息，从而造成误判或者延误，使果园造成不必要的损失。基于此开发一种果园害虫预警系统显得尤为重要。

基于物联网的果园害虫预警系统主要包含视频采集模块、无线网络传输系统及数据管理与控制系统 3 个组成部分，可以实时对果园的环境进行监控，并对监控视频进行分析，一旦发现害虫且达到一定程度时立即触发报警系统，从而使果园管理人员及时发现害虫，并且快速给出病虫诊断信息，准确地做出应对虫害的措施，避免果园遭受经济损失。

视频采集模块由红外摄像探头传感器、摄像探头传感器和视频编码器组成。为适应系统运行环境和便于建成后的管理，设计时采用了无线移动通信，通过 GPRS 模块来完成远程数据的传输。数据管理和控制系统主要由计算机完成。图 5-22 为果园害虫预警系统结构示意图。

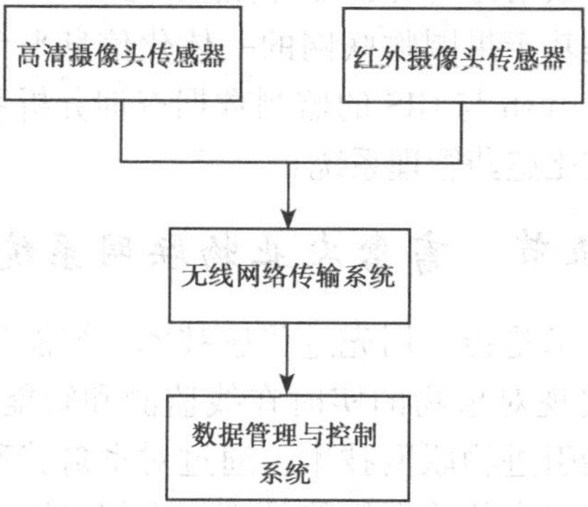


图 5-22 果园害虫预警系统结构示意图

## 五、果园土壤水分和养分检测系统

果园土壤的水分和养分的好坏直接关系到果园生产能力的大小，因此必须要建立果园水分和养分的检测系统。我们将物联网技术应用于果园土壤水分和养分含量的检测，辅以土壤情况作出的实时专家决策，就可以用以指导果树的实际种植生产过程。

根据物联网分层的设计思想，同样应用于果园土壤水分与养分的检测中，即包括感知层、网络传输层、信息处理与服务层和应用层。

感知层的主要作用是采集果园土壤水分和温度、空气温度和湿度及土壤养分的信息。网络传输层主要包含果园现场无线传感器网络和连接互联网的数据传输设备。其中数据传输设备又分为短距离无线通信部分和远距离无线通信部分。果园内的短距离数据传输技术主要依靠自组织网技术和 ZigBee 无线通信技术来实现。长距离传输则依靠 GPRS 通信技术来实现。信息处理与服务层由硬件和软件两个部分组成。硬件部分利用计算机集群控制和局域网技术；软件则包含传感网络监测实施数据库、标准数据样本库、果园生产情况数据库、GIS 空间数据库和气象资料库。这些数据为应用层提供信息服务。

应用层是基于果园物联网的一体化信息平台，运行的软件系统包括基于 Web 与 GIS 的监测数据查询分析系统、传感网络系统及果园施肥施药管理系统。

## 第五节　畜禽农业物联网系统应用

物联网技术是指采用先进传感技术、智能传输技术和信息处理技术，实现对事物的实时在线监测和智能控制。近年来，畜禽业也开始引进物联网技术，通过对畜禽养殖环境信息的智能感知，快速安全传输和智能处理，人们可以实时了解畜禽养殖环境内的信息，并且在计算机的帮助下，实现畜禽养殖环境信息实时监控，精细投喂，畜禽个体状况监测、疾病诊断和预警、育种繁殖管理。畜禽养殖物联网为畜禽营造相对独立的养殖环境，彻底摆脱传统养殖业对管理人员的高度依赖，最终实现集约、高产、高效、优质、健康、生态和安全的畜禽养殖。

## 一、概述

我国的畜禽养殖产量位居世界第一。随着国家经济的发展、人民生活水平的不断提高，畜禽产品的消费量也在快速增长。畜禽养殖业的规模不断扩大，增加了农民的经济收入，畜禽养殖在农业总产值中所占比例越来越大。

现代畜禽养殖是一种高投入、高产出、高效益的集约化产业，资本密集型和劳动集约化是其基本特征。与发达国家相比，我国畜禽养殖的集约化主要表现为劳动集约化，目前已随着经济的发展，劳动集约化已经开始向资本集约化方向过渡。但是，这种集约化的产业也耗费了大量的人力和自然资源，并在某种程度上对环境造成了负面影响。通过使用物联网可以合理地利用资源，有效降低资源消耗，减少对环境的污染，建成优质、高效的畜禽养殖模式。畜禽养殖物联网在养殖业各环节上的应用大致有以下几个方面。

### （一）养殖环境智能化监控

通过智能传感器实时采集养殖场的温度、湿度、光照强度、气压、粉尘弥漫度和有害气体浓度等环境信息，并将这些信息通过无线或有线传输到远程服务器，依据服务器端模型作出的决策去驱动养殖场，开关环境控制设备，实现畜禽养殖场环境的智能管理。这可以减少人员进出车间频率，杜绝疾病的传播，提高畜禽防疫能力，保障安全生产，实现生产效益最大化。

### （二）实现精细饲料投喂

畜禽的营养研究和科学喂养的发展对畜禽养殖发展、节约资源、降低成本、减少污染和病害发生、保证畜禽食用安全具有重要的意义。精细喂养根据畜禽在各养殖阶段营养成分需求，借助养殖专家经验建立不同养殖品种的生长阶段与投喂率、投喂量间定量关系模型。利用物联网技术，获取畜禽精细饲养相关的环境和群体信息，建立畜禽精细投喂决策系统。

### (三) 全程监控动物繁育

在畜禽生产中，采用信息化技术通过提高公畜和母畜繁殖效率，可以减少繁殖家畜饲养量，进而降低生产成本和饲料、饲草资源占用量。因此，以动物繁育知识为基础，利用传感器、RFID 等感知技术对公畜和母畜的发情进行监测，同时对配种和育种环境进行监控，为动物繁殖提供最适宜的环境，全方位地管理监控动物繁育是非常必要的。

### (四) 生产过程数字化管理

随着养殖规模的日益扩大，传统的纸卡方式记录，畜禽个体日常信息的模式已经不再能满足生产的实际需求。依靠二维码与无线射频技术等物联网技术，可以实现基于移动终端的畜禽生长、繁殖、防疫、疾病、诊疗等生产信息的高效记录、查询与汇总，为高效生产提供了重要决策支持。

## 二、畜禽农业物联网系统的架构

畜禽养殖物联网系统和一般的物联网结构相由感知层、传输层和应用层三个层次组成。通过集成畜禽养殖信息智能感知技术及设备、无线传输技术及设备、智能处理技术，实现畜禽养殖环境实时在线监测和控制。畜禽农业物联网系统总体框架如图 5-23 所示。

### (一) 感知层

作为畜禽农业物联网系统的“眼睛”，对畜禽养殖的环境进行探测、识别、定位、跟踪和监控。主要技术有：传感器技术、射频识别（RFID）技术、二维码技术、视频和图像技术等。采用传感器采集温度、湿度、光照、二氧化碳、氨气和硫化氢等畜禽养殖环境参数，采用 RFID 技术及二维码技术对畜禽个体进行自动识别，利用视频捕捉等，实现多种养殖环境信息的捕捉。

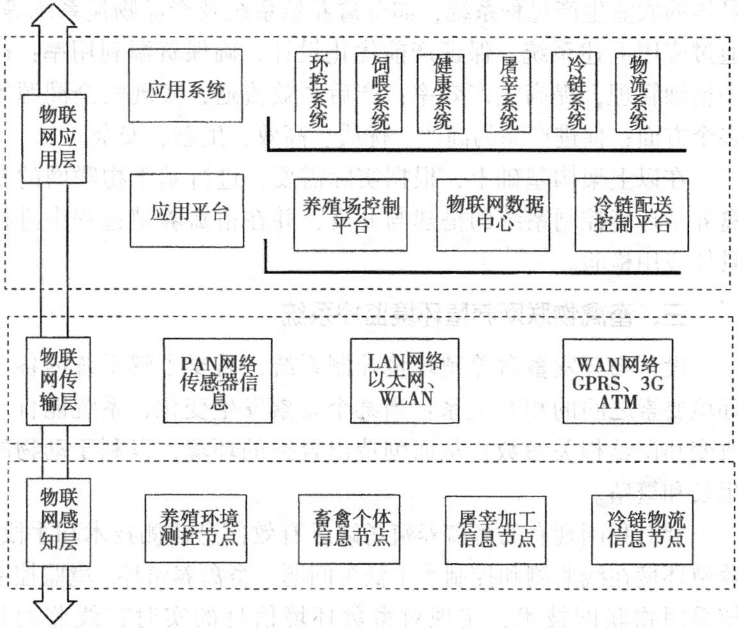


图 5-23　畜禽农业物联网系统总体框架

**（二）传输层**

传输层完成感知层向应用层的信息传递。传输层的无线传感网络包括无线采集节点、无线路由节点、无线汇聚节点及网络管理系统，采用无线射频技术，实现现场局部范围内信息采集传输。远距离数据传输应用 GPRS 通信技术和 3G 通信技术。

**（三）应用层**

应用层分为公共处理平台和具体应用服务系统。公共处理平台包括各类中间件及公共核心处理技术，通过该平台实现信息技术与行业的深度结合，完成物品信息的共享、互通、决策、汇总、统计等，如实现畜禽养殖过程的智能控制、智能决策、诊断推理、预警和预测等核心功能。具体应用服务系统是基于物联网架构的农业生产过程架构模型的最高层，主要包括各类具体的农业生产过程系统，如畜禽养殖系统及产品物流系统等。通过应用上述系统，保证产前优化设计，确保资源利用率；产中精细管理，提高生产效率；产后高效流通，实现安全溯源等多个方面，促进产品的高产、优质、高效、生态、安全。

在以上架构基础上，根据实际需要，进行基于物联网的畜禽养殖环境控制系统的搭建与开发，并在畜禽养殖过程中进行具体应用检验。

## 三、畜禽物联网养殖环境监控系统

设计与开发畜禽养殖环境控制系统，需要了解系统内各个环境要素之间的相互关系：当某个要素发生变化，系统能自动改变和调整相关参数，从而创造出合适的环境，以利于动物的生长和繁殖。

针对我国现有的畜禽养殖场缺乏有效信息监测技术和手段，养殖环境在线监测和控制水平低等问题，畜禽养殖环. 境监控系统采用物联网技术，实现对畜禽环境信息的实时在线监测和控制。

在具体设计与开发畜禽养殖环境控制系统过程中，将系统划分为畜禽养殖环境信息智能传感子系统、畜禽养殖环境信息自动传输子系统、畜禽养殖环境自动控制子系统和畜禽养殖环境智能监控管理平台 4 个部分。

### （一）智能传感子系统

畜禽养殖环境信息智能传感子系统是整个畜禽养殖物联网系统最底层的设施，它主要用来感知畜禽养殖环境质量的优劣，如冬天畜禽需要保温，夏天需要降温，畜舍内通风不畅，温湿度、粉尘浓度、光照、二氧化碳、硫化氢和氨气等是否达到最佳指标。通过相应的专门的传感器来采集这些环境信息，将这些信息转变为电信号，以方便进行传输、存储、处理。它是实现自动检测和自动控制的首要环节。图 5-24 为畜禽环境信息采集结构示意图。

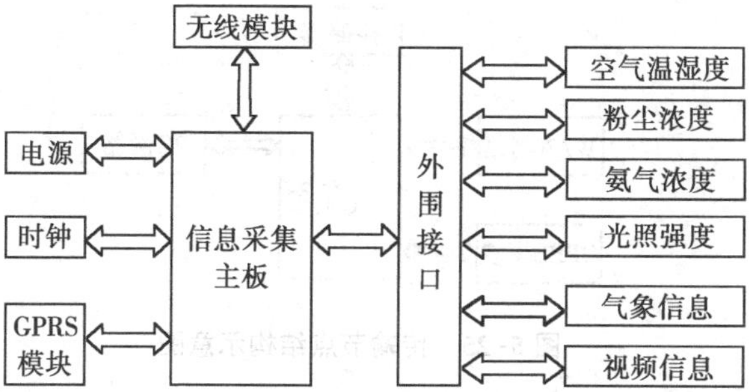


图 5-24 畜禽环境信息采集结构示意图

### （二）自动传输子系统

畜禽养殖环境信息自动传输子系统通过有线和无线相结合的方式，将收集到的信息进行上传，即将上方的控制信息传递到下方接收设备。

目前，图像信息传输在畜禽养殖生产中也有着迫切的需求，它可以为病虫害预警、远程诊断和远程管理提供技术支持。为有效保证图像、视频等信息传输的质量和实际应用效果，采用在圈舍内建设有线网络来配合视频监控传输，将视频数据发送到监控中心，可以实现远程查看圈舍内情况的实时视频，并且还具有对圈舍指定区域进行图像抓拍、触发报警、定时录像等功能。

传输层实现采集信息的可靠传输。为增加信息传输的可靠性，传输层设计采用了多路径信息传输工作模式。传输节点是传输层的链本结构单元，点对点传输是信息传输的基本工作形式，多节点配合实现信息的多跳远程传输。根据传输节点基本功能，设计传输节点结构如图 5-25 所示。

### （三）自动控制子系统

控制层在分析采集信息的基础上，通过智能算法及专家系统完成畜禽养殖环境的智能控制。控制设备主要采用并联的方式接入主控制器，主控制器可以实现对控制设备的手动控制。

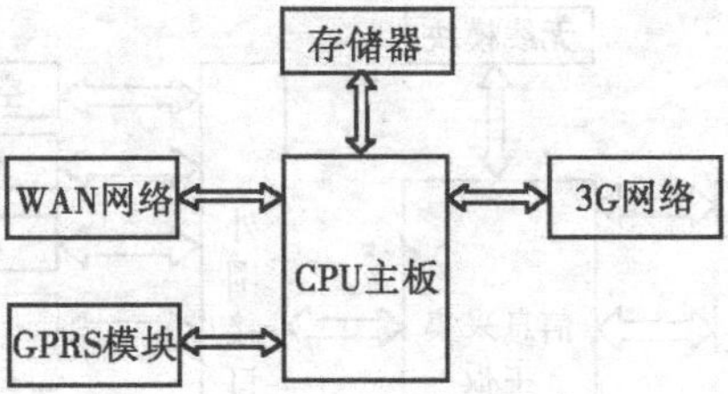


图 5-25 传输节点结构示意图

根据畜舍内的传感器检测空气温度、湿度、二氧化碳、硫化氢和氨气等参数，对畜舍内的控制设备进行控制，实现畜舍环境参量获取和自动控制等功能。图 5-26 为畜禽养殖环境控制系统结构示意图。

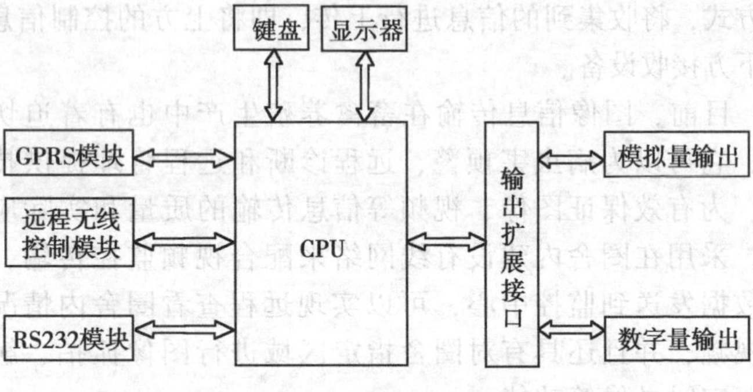


图 5-26 畜禽养殖环境控制系统结构示意图

## 四、精细喂养管理系统

精细喂养根据动物在各生长阶段所需营养成分、含量，以及环境因素的不同来智能调控动物饲料的投喂，系统要实现的功能如下。

### （一）饲料配方

我国养殖业的饲料配方计量技术比发达国家落后许多，不能满足畜禽饲料配方的需求，精细喂养管理系统就是借助物联网技术和养殖专家经验建立不同的动物品种在各阶段饲料成分、定量的模型，利用传感器采集的畜禽圈内环境信息和动物生长状态，建立畜禽精细投喂决策。

### （二）饲料成分含量控制

根据不同动物建立饲料投喂模型，再结合动物实际生长情况，智能服务平台会科学计算出动物当天需要的进食量和投喂次数，并进行自动投喂，避免人工喂养造成的误差。

## 五、动物繁育监控

智能化的动物繁育监控系统可以提高动物繁殖效率。畜禽育种繁育管理系统主要运用传感器技术、预测优化模型技术、射频识别技术，根据基因优化原理，科学监测母畜发情周期，实现精细投喂和数字化管理，从而提高种畜和母畜繁殖效率，缩短出栏周期，减少繁殖家畜饲养量，进而降低生产成本和饲料占用量。动物繁育智能监控的功能主要如下所述。

### （一）母畜发情监控

母畜发情监测是母畜繁育过程中的重要环节，错过了最佳时间将会降低繁殖能力。要提高畜禽的繁殖率，首先要清楚地监测畜禽的发情期。

运用射频识别技术对母畜个体进行标识，通过视频传感器监测母畜行为状态，还可以通过温度传感器测量母畜体温状况。系统根据采集的数据分析、判断母畜发情信息。

### （二）母畜配料智能管理

对于怀孕母畜以电子标签来识别，在群养环境里单独饲养，根据母畜精细投喂模型和实际个体情况来智能自动配料，从而有效控制母畜生长情况。

### （三）种畜数据库管理

建立种畜信息数据库，其中包括种畜个体体况、繁殖能力和免疫情况。智能化的种畜数据库可以有效提高动物繁育的能力、幼仔的成活能力。

## 六、畜禽物联网应用案例

目前，由于禽流感、布鲁氏菌病等人畜共患病，以及畜产品瘦肉精等事件频繁发生，越来越多的因动物而引起的食品安全和公共安全问题也受到全社会的广泛关注，如何管控动物和动物产品安全是现在面临的严峻问题。

射频识别技术的引入，在动物身体贴上电子标签，就可以追溯动物饲养及动物产品生产、加工、销售等不同环节可能存在的问题，并进行有效追踪和溯源，及时加以解决。

此项目主要针对环境二氧化碳、氨气、硫化氢、空气温湿度、光照强度、气压、噪声、粉尘等与生猪生长所必需的环境因子的数据，通过光纤传输到农业物联网生产管控平台，进行数据的存储、分析比对系统设定的数据阈值，将反馈控制命令通过光纤通信方式传输反馈到每个连栋大棚农业物联网温室智能控制柜，自动控制喷灌、风机设备，使环境保持在适宜生猪生长的条件下，如图 5-27 所示。

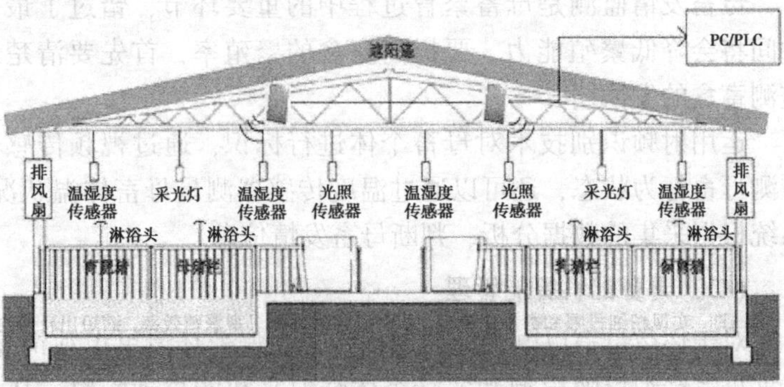


图 5-27　物联网信息化与智能化设施猪舍

本系统结合江苏省阜宁县生猪养殖基地实现物联网福利养殖环境信息监测与自动调控。根据养殖户实际应用需求温室信息采集器采集 5 种环境参数：空气温湿度、二氧化碳浓度、气压、有害气体、光照强度。当此类环境因素超标时，二氧化碳、氨气、硫化氢、粉尘等气体的增加会导致猪发生疫情；空气温湿度、光照强度、气压影响着猪生长的质量；密度、温湿度、通风换气则影响着猪生长繁殖的速度；自动报警系统则会短信通知用户，用户可自行采取应对措施。主要技术结构框图如图 5–28 所示。

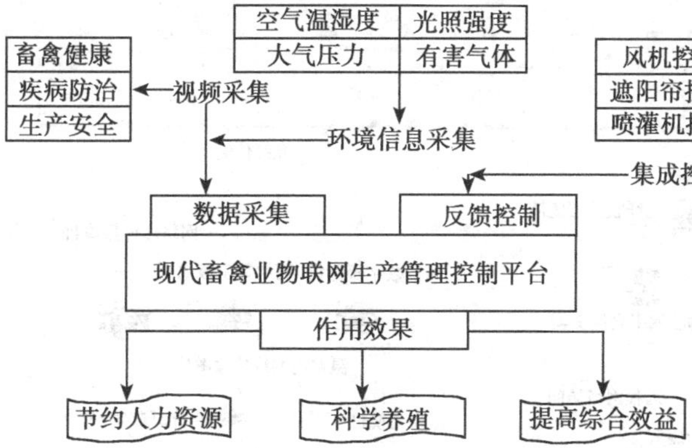


**图 5–28 物联网设施养猪系统构成**

农业物联网智能控制器通过光纤通信方式传输环境信息，并采用市电供电模式，环境采集器信息经过接力传输后最终汇聚到园区畜禽养殖管理办公室的农业物联网平台服务器中，并通过农业物联网生产管控平台实时显示环境信息。实现对猪舍采集信息的存储、分析、管理；提供阈值设置功能、智能分析、检索、报警功能；提供权限管理功能和驱动养殖舍控制系统。当农民在养殖过程中遇到难题，还可以将相关信息或者图片传输到农业智能专家系统，生猪养殖领域的专家会为用户答疑解惑。用户还可自行生成饲养知识数据库，当同类问题重复出现时，便能自动查看解决方法。

视频系统是利用大棚安装的高清数字摄像机，通过光纤网络传输方式对连栋大棚内生猪生长状况、设备运行状态和园区生产管理场景进行全方位视频采集和监控；园区管理者可以根据监控平台系统显示的畜禽生长情况、大棚内环境信息远程对养猪场大棚设施及饲料喂养实现自动化的控制，同时，可远程对农场生产进行指导管理，其构成如图 5-29 所示，系统整体应用情况如图 5-30 所示。

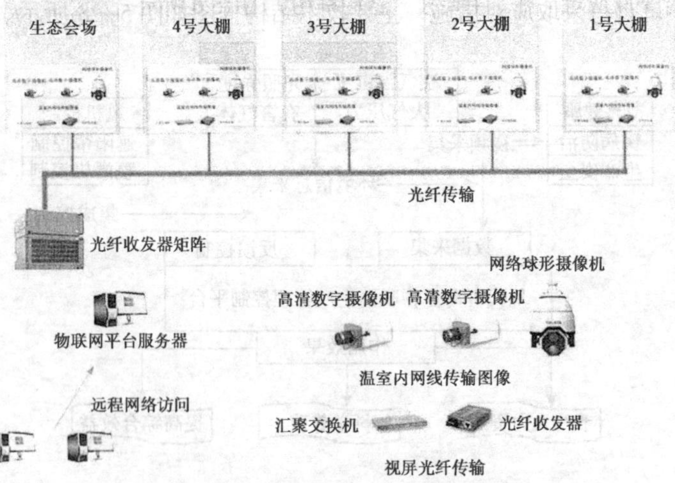


图 5-29　猪舍视频监控技术构架

图 5-30　物联网猪舍信息获取与智能化调控应用实况

通过物联网信息获取装备实时获取猪环境信息，结合通风、补光、调温装备实现猪的最佳适应环境智能化调控，并结合可视化监控技术实现猪生长过程的远程可视化监测与在线诊断，对提高科学养猪、提高效率、节省劳力、保障品质有重大意义。

## 第六节　水产农业物联网系统应用

水产农业物联网是现代智慧农业的重要应用领域之一，它采用先进的传感网络、无线通信技术、智能信息处理技术，通过对水质环境信息的采集、传输、智能分析与控制，来调节水产养殖水域的环境质量，使养殖水质维持在一个健康的状态。物联网技术在水产养殖业中的应用，改变了我国传统的水产养殖方式，提高了生产效率、保障了食品安全，实现水产养殖业生产管理高效、生态、环保和可持续发展。

### 一、概述

我国是水产养殖大国，同时又是一个水产弱国，因为目前我国水产养殖业主要沿用消耗大量资源和粗放式经营的传统方式。这一模式导致生态失衡和环境恶化的问题已日益显现，细菌、病毒等大量滋生和有害物质积累给水产养殖业带来了极大的风险和困难，粗放式养殖模式难以持续性发展，这一模式越强化，所带来的环境状况、养殖业在生产条件及经济效益等越差。

随着科技发展，我国的水产养殖已经从传统的粗放养殖逐步发展到工厂集约化养殖，环境对水产养殖的影响越来越大，对水产养殖环境监控系统的研究也越来越多。目前，水产养殖环境监控系统的研究主要集中在分布式计算机控制系统，但由于大多数养殖区分布范围较广、环境较为恶劣，有线方式组成的监督网络势必会产生很多问题，如价格昂贵、布线复杂、难以维护等，难以在养殖生产中大规模使用。无线智能监控系统不但可以实现对养殖环境的各种参数进行实时连续监测、分析和控制，而且减少了布线带来的一系列问题。

水产养殖环境智能监控通过实时在线监测水体温度、pH值、溶氧量（Dissolved Oxygen，DO）、盐度、浊度、氨氮、化学需氧量（Chemical Oxygen Demand，COD）、生化需氧量（Biochemical Oxygen Demand，BOD）等对水产品生长环境有重大影响的水质参数、太阳辐射、气压、雨量、风速、风向、空气温湿度等气象参数，在对所检测数据变化趋势及规律进行分析的基础上，实现对养殖水质环境参数预测预警，并根据预测预警结果，智能调控增氧机、循环泵等养殖设施，实现水质智能调控，为养殖对象创造适宜水体环境，保障养殖对象健康生长。

## 二、水产农业物联网的总体架构

要实现水产养殖业的智能化，首先，必须保证养殖水域的水质质量，这就需要各种传感器来采集水质的参数；其次，采集到的信息要实时、可靠地传输回来，这就需要无线通信技术的支持；最后，利用传输的数据分析、决策和控制，这就需要计算机处理系统来完成。

根据以上所需的技术支持，水产农业物联网的结构和一般物联网的结构大致一样，即分为感知层、传输层和应用层 3 个层次。图 5-31 为水产农业物联网系统结构示意图。

### （一）感知层

感知层由各种传感器组成，如温度、pH 值、DO、盐度、浊度、氨氮、COD、BOD 等传感器。这些传感单元直接面向现场，由必要的硬件组成 SgBee 无线传感网络，网络由传感器节点、簇头节点、汇聚节点及控制节点组成。

采用簇状拓扑结构的无线传感网，对于大小相似、彼此相对独立的养殖池来说是较为合适的。通过设备商提供的接口函数，将每个鱼池中的若干传感器节点设置组成一个簇，并且设置一个固定的簇头。传感器节点只能与对应的簇头节点通信，不能与其他节点进行数据交换。簇头之间可以相互通信转发信

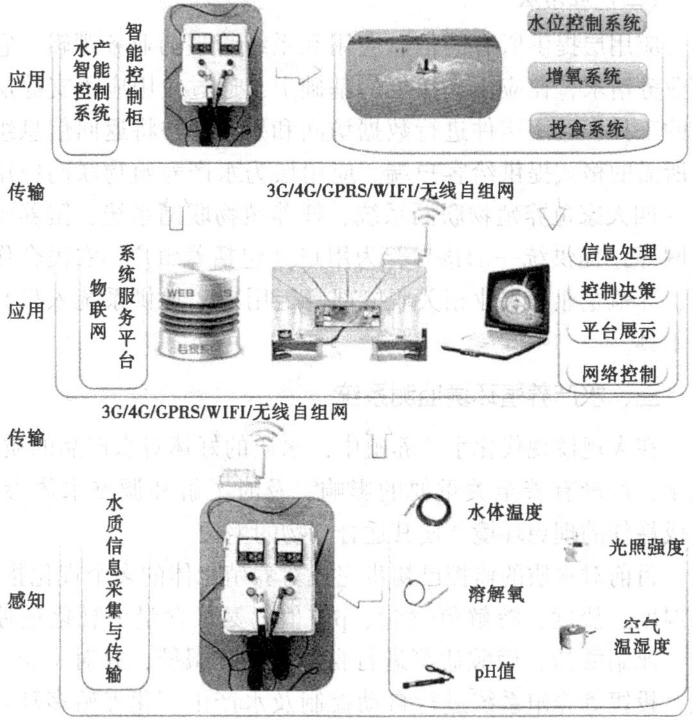


**图 5-31 水产农业物联网系统结构示意图**

息，各簇头通过单跳或多跳的方式完成与汇聚节点的数据通信，汇聚节点通过 RS232/485 总线与现场监控计算机进行有线数据通信。

## （二）传输层

传输层完成感知层和数据层之间的通信。传输层的无线传感网络包括无线采集节点、无线路由节点、无线汇聚节点及网络管理系统，采用无线射频技术，实现现场局部范围内信息采集传输，远程数据采集采用 3G、GPRS 等移动通信技术，无线传感网络具有自动网络路由选择、自诊断和智能能量管理功能。

### （三）应用层

应用层提供所有的信息应用和系统管理的业务逻辑。它分解业务请求，在应用支撑层的基础上，通过使用应用支撑层提供的工具和通用构件进行数据访问和处理，并将返回信息组织成所需的格式提供给客户端。应用层为水产养殖物联网应用系统（四大家鱼养殖物联网系统、虾养殖物联网系统、蟹养殖物联网等）提供统一的接口，为用户（包括养殖户、农民合作组织、养殖企业、农业相关职能部门等用户）提供系统入口和分析工具。

## 三、水产养殖环境监测系统

在大规模现代化水产养殖中，水质的好坏对水产品的质量、效率、产量有着至关重要的影响。及时了解和调整水体参数，形成最佳的理想环境，使其适合动物的生长。

目前对水质的监控已初步完成对养殖水体的多个理化指标，如温度、盐度、溶解氧含量、pH 值、氨氮含量、氧化还原电位、亚硝酸盐、硝酸盐等进行自动监测、报警，并对水位、增氧、投饵等养殖系统进行自动控制及水产工厂化养殖多环境因子的远程集散监控系统。

### （一）环境监测系统结构

水产养殖水质在线监测系统由传感器、无线网络、计算机数据处理 3 个层次组成，系统总体结构如图 5-32 所示。最底层是数据采集节点，采用分布式结构，运用多路传感器采集温度、pH 值、溶氧量、氨氮浓度和水位等养殖水体参数数据，并将采集到的数据转换成数字信号，通过 ZigBee 无线通信模块将数据上传；中间层是中继节点，中继节点负责接收数据采集节点上传的数据，并通过 GPRS 无线通信模块将数据上传至监控中心，管理人员对养殖区进行远程监测，减轻监控人员的劳动强度，使水产养殖走上智能化、科学化的轨道。

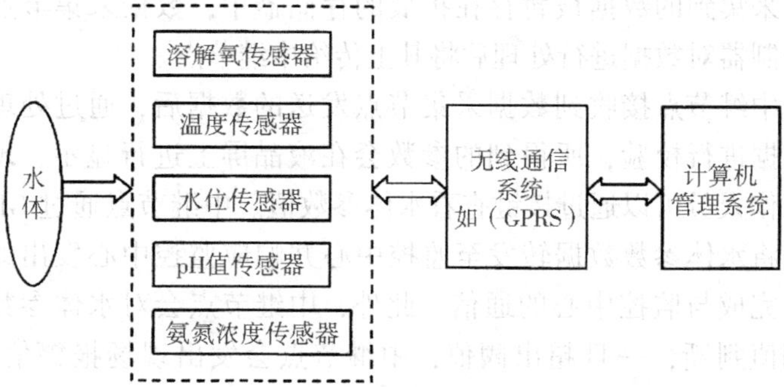


**图 5-32　水产养殖环境监测系统结构示意图**

## （二）智能水质传感器

智能传感器（Intelligent Sensor）是具有信息处理功能的传感器。智能传感器带有微处理机，具有采集、处理、交换信息的能力，是传感器集成化与微处理机相结合的产物。一般智能机器人的感觉系统由多个传感器集合而成，采集的信息需要计算机进行处理，而使用智能传感器就可将信息分散处理，从而降低成本。与一般传感器相比，智能传感器具有以下 3 个优点：通过软件技术可实现高精度的信息采集，而且成本低；具有一定的编程自动化能力；功能多样化。

## （三）无线增氧控制器

无线增氧控制器是实现增氧控制的关键部分，它可以驱动叶轮式、水车式和微孔曝气空压机等多种增氧设备。

## （四）无线通信系统

无线传感网络可实现 2.4GHz 兹短距离通信和 GPRS 通信，现场无线覆盖范围 3km；采用智能信息采集与控制技术，具有自动网络路由选择、自诊断和智能能量管理功能。

每个需要监测的水域内布置若干个数据采集节点和中继节点，数据采集节点上的多路传感器分别对所监测区域内的水体温度、pH 值、溶氧量、氨氮浓度、水位等水体参数信息进行采集，采集到的数据被暂存在扩展的存储器中，数据采集节点的微控制器对数据进行处理后将其上传给中继节点。

中继节点接收到数据采集节点发送的数据后，通过处理器对数据进行校验，所得到的参数会在液晶屏上进行显示，现场的工作人员可以通过按键查看水体参数值。中继节点通过 GPRS 模块将水体参数数据转发至监控中心并响应监控中心发出的指令，完成与监控中心的通信。此外，中继节点会对水体参数进行阈值判断，一旦超出阈值，中继节点会发出现场报警信号，同时还会通过短信通知工作人员，提醒工作人员及时进行处理。

监控中心会对所有收到的数据进行再处理、分析、存储和输出等。工作人员可以在监控中心界面上手动修改系统参数，自行选择要查看的区域及参数类型。监控中心界面会显示数据曲线图，用户可以在即时数据和历史数据之间进行切换，所有的数据都可以以 Excel 格式输出到个人计算机，方便数据的转存和打印。

每个区域的数据采集节点和中继节点之间采用网状网络拓扑结构组建数据无线传输网络，当节点有入网请求时，网络会自动进行整个网络的重建。系统无故障时，数据采集节点和中继节点不会一直处于工作状态，系统会在一次数据传输结束后，设置它们进入休眠状态，定时唤醒。通过这种方式，能够降低电能损耗，延长电池工作时间。系统的每个节点都设有电源管理模块，可以监测电池电量。当电量低于阈值时，系统发出报警信号，提醒用户跟换电池。数据采集节点、中继节点和监控中心构成一个有机整体，完成整个水产养殖区域内水质参数的在线监测。

### 四、水产养殖精细投喂系统

饲料投喂方法的好坏对水产养殖非常重要，不当的投喂方法可能导致资源的浪费，而饲料过多是导致水质富营养化的重要原因，对养殖水域造成污染，带来不必要的经济损失。

精细喂养决策是根据各养殖品种长度与重量关系，通过分析光照度、水温、溶氧量、浊度、氨氮、养殖密度等因素与鱼饵料营养成分的吸收能力、饵料摄取量关系，建立养殖品种的生长阶段与投喂率、投喂量间定量关系模型，实现按需投喂，降低饵料损耗，节约成本。

## 五、水产养殖疾病预防系统

随着我国工业化的不断发展，水污染已经成为困扰人们生存与发展的重要制约因素。水污染严重影响了水体的自我净化能力、水生物的生存状况、人们的健康，同时，这也是导致动物疾病的“罪魁祸首”。其中，有机污染物是引起水质污染的常见原因。

有机物污染是指以碳水化合物、蛋白质、氨基酸等形式出现的天然有机物质和能够进行生物分解的人工合成有机物质的污染物。其长期存在于环境中，对环境和人类健康具有消极影响。通常将有机污染物分为天然有机污染物及人工合成有机污染物。天然有机污染物主要是由生物体的代谢活动及化学过程产生的，主要有黄曲霉毒素、氨基甲酸乙酯、麦角、细辛脑和草蒿脑等。人工合成有机污染物主要由现代化学工业产生的，包括塑料、合成纤维、洗涤剂、燃料、溶剂和农药等。

利用专家调查方法，确定集约化养殖的主要影响因素为溶氧量、水温、盐度、氨氮、pH 值等水环境参数为准的预测预警。通过传感器采集的各参数信息，物联网应用层对数据进行分析，实时监测水环境，并以短消息的方式发送到养殖管理人员手机上，及时给予预警。

## 六、水产农业物联网应用实例

南美白对虾养殖风险较大，究其原因主要是缺乏精准监测与智能调控装备，尤其在高密度养殖的环境中，溶解氧是最容易导致对虾大面积死亡的因素，缺氧容易导致对虾窒息，富氧又容易导致水体病菌增加，容易感染病害。因此，本系统研发了水质在线监测系统与自动化调控装备，实现鱼塘水质在线监测与调控，并在杭州市进行应用示范。

## （一）鱼塘水质信息与环境监测设备

共挑选比较具有代表性的12个鱼塘作为示范区，每3个鱼塘安装一个信息采集设备，每个采集设备上安装有溶解氧传感器、pH值传感器、氨氮传感器、水温传感器及光照、空气温度、空气温度传感器。每个采集设备均由太阳能供电，且每个设备均使用无线传输。无线将信息传输到管理中心。管理中心再根据接收到的信号发布反馈控制信号，执行自动增氧、智能报警等操作，如图5-33所示。

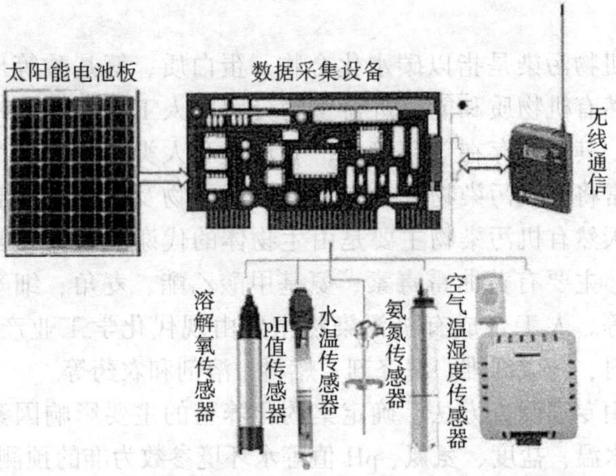


**图5-33　鱼塘水质与环境信息采集设备的构成**

## （二）信息采集方案

每3个鱼塘安装一个水质信息与环境监测设备。每个设备均通过无线通信方式与监控中心通信。且每个设备不仅具备信息采集和无线发送功能，且具有无线自组网功能。采集设备在安装好后可以自行进行智能组网，以最低功耗和最高效率将信息传输到监控中心。组网通信方式如图5-34所示。

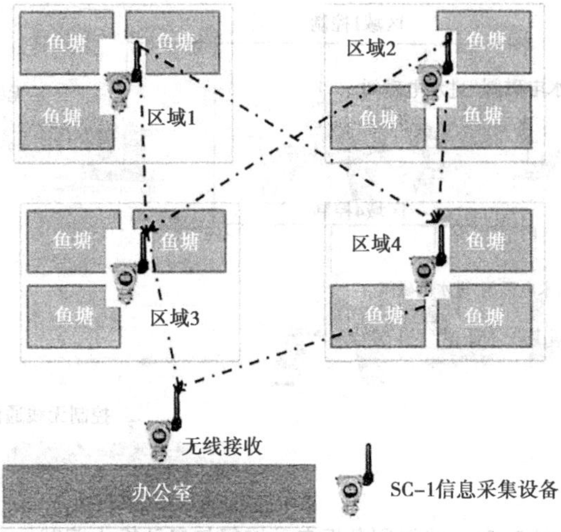


**图 5-34　水产信息物联网信息采集示意图**

### （三）鱼塘自动增氧与换水的智能控制方案

南美白对虾养殖过程中，养殖户所承担的最大风险是鱼塘溶氧量问题。成年或快成年的南美白对虾耗氧量大，若不及时增氧则可能造成短时间内整个鱼塘的虾全部因缺氧死亡，对养殖户经济损失巨大。本项目针对该情况设计的控制方案如图 5-35 所示。监控中心控制指令主要根据实时接收到的鱼塘物联网信息作为控制依据，根据养殖经验数据作为控制参数，控制指令通过无线通信发送给控制器。控制器根据控制命令执行自动增氧与自动排水、给水操作，实现自动增氧与自动换水功能，其原理如图 5-35 所示。

### （四）养殖园区可视化实施方案

水产养殖园区的可视化为园区管理提供了非常便利的管理模式。本项目可视化设计方案为，利用 3 个枪型摄像机监测园区特定视角位置，利用一个球机（360°旋转、27 倍变焦）作为园区全景监控设备。球机可以手动控制旋转和放大变焦，也可

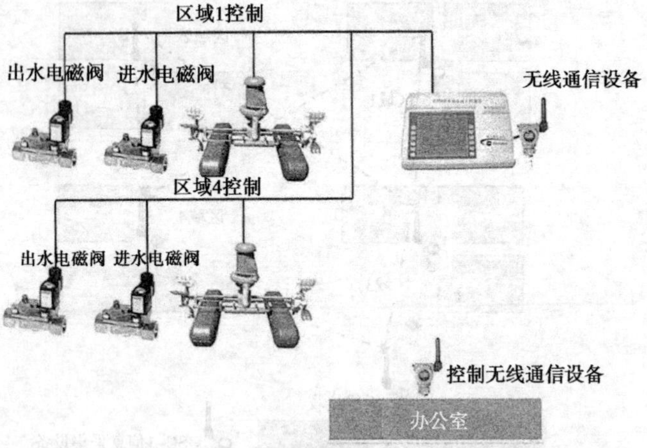


图 5-35　物联网鱼塘自动增氧与自动换水控制示意图

以自动运行，自动全景 360°扫描，具体方案如图 5-36 所示。

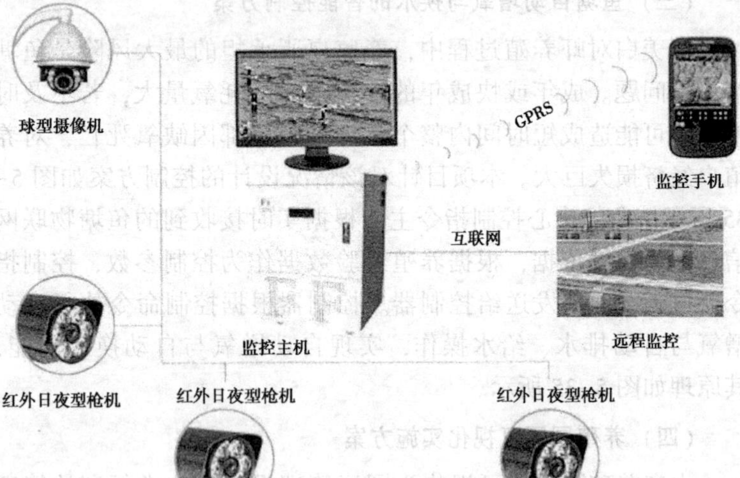


图 5-36　养殖园区可视化方案示意图

## （五）系统应用示范

将上述技术与装备应用于杭州明朗农业开发有限公司养殖基地，实现在线、离线的自动化信息监测与自动控制，如图 5-37 和图 5-38 所示。

**图 5-37 水产养殖信息监测与智能化调控系统实物图**

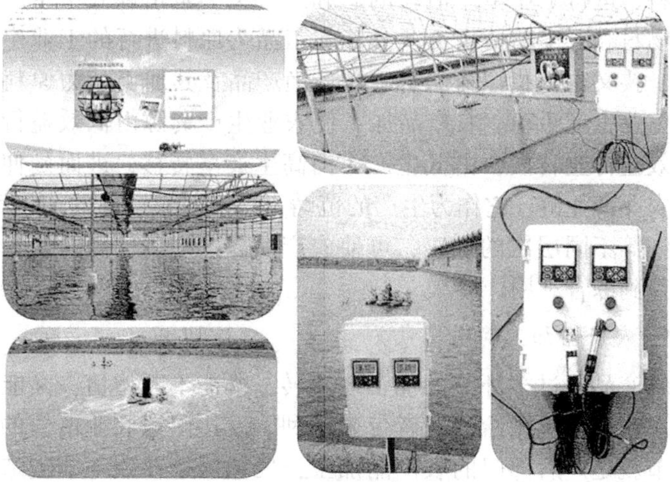

**图 5-38 工厂化养殖**

现代养殖业是现代农业的主要组成部分，现代养殖业的内涵不再单纯意味着养殖过程的现代化，已经演变为基础设施现代化、经营管理现代化、生活消费现代化、资源环境现代化和科学技术现代化等多个方面，而无论哪个方面要实现现代化都离不开现代的科学技术，尤其是现代信息技术。

畜禽农业物联网系统是利用传感器技术、无线传感网络技术、自动控制技术、机器视觉和射频识别等现代信息技术，对畜禽养殖环境参数进行实时的监测，并根据畜禽生长的需要，对畜禽养殖环境进行科学合理的优化控制，实现畜禽环境的自动监控、精细投喂、育种繁育和数字化销售管理。

## 第七节　农产品安全溯源系统应用

### 一、农产品加工物联网系统应用

#### （一）概述

农产品加工业是以人工生产的农业物料和野生动植物资源为原料，进行工业生产活动的总和。广义上是指以人工生产的农业物料和野生动植物资源及其加工品为原料进行的工业生产活动，狭义上是指以农、林、牧、渔产品及其加工品为原料进行的工业生产活动。农产品加工使农业生产资源由低效益行业向高效益行业转换，由低生产率向高生产率转移，进而延伸了整个农业产业链。它作为生产的范畴，通过对农产品的初、深、精、细等不同层次的加工，可使农产品多次增值，同时使各种资源得到综合利用。

1. 农产品加工的现实意义

农产品通过多环节的加工与流转，既能不断增值，又能增加农民收入，还能给消费者带来便利。发达国家农业增值的最大环节就是产后部门的农产品加工，发达国家在该环节创造的价值可以占农产品价值的一半以上。我国以海南企业为例，发展椰子加工，可促进椰子增值5~10倍。

农产品加工业以农、林、牧、渔产品及其加工品为原料进行工业生产，可推动种植业、畜牧业、渔业等行业的发展。肉类加工企业发展促进了生猪养殖业；果蔬加工业的发展使果蔬供不应求；农产品加工业的蓬勃发展，能带动相关工业行业（如机械设备业）的发展；延长农业产业链，可以带动其他物流、运输行业的发展。农产品加工企业的良好发展可以激发整个产业链的活力，促进经济有序高效运行。

农产品易腐烂，当季蔬果一旦没有得到及时销售，则会给农民造成巨大的经济损失。例如，曾经发生在海南的泡椒、毛节瓜、佛手瓜滞销风波，使当地农民面临着成本难以收回的局面。而加工业的兴起不仅能够解决类似问题，还能带动农产品收入增长。同样是海南的例子，当地在建设了槟榔加工厂后，迅速带动了槟榔价格的上涨，直接促进槟榔种植户增收。由以上举例可见，农产品加工业充满活力有利于保证农民获得收入。农产品加工业需要众多人手，发展农产品加工业自然也能提高就业率，减少社会不安定因素。

2. 农产品加工业的现状

2016 年，我国肉类总产量超过 8 500万 t，其中，猪肉、牛羊肉、禽肉产量分别占 20%、25%和 55%左右；肉制产品产量超过 1 100万 t，达到肉类总产量的 12.6%。2015 年，我国食品工业总产值超过 37 000亿元，食品工业产值与农业产值之比将提高到 0.8∶1。目前我国肉类产品的现状不容乐观。由于盐酸克仑特罗、注水肉等肉类食品安全问题，公众对肉类食品安全的保障能力和公共卫生系统的管理能力越来越担心，对肉类食品安全的信任度大幅度降低。近年来，我国肉类食品出口形势严峻，国外对我国肉类出口限制是制约我国肉类产品出口的最大障碍。由于口蹄疫、禽流感等原因，欧盟尚未解除对我国主要动物性食物源及禽类产品的进口禁令；韩国、日本等也没有恢复我国冻鸡等禽肉生品的进口；俄罗斯不仅继续对猪肉、牛肉和禽肉进口实施关税配额管理，而且在 2004 年宣布禁止我国肉类产品的输入，这些都严重限制和影响了我国肉类产品的对外出口。

随着人均消费肉类的比例加大，肉类行业已经成为我国农业产业化发展的龙头，也是农产品深加工的重要发展领域。但是，肉类行业的安全形势十分严峻，各种安全事件层出不穷，因此必须严格按照《中华人民共和国食品安全法》《中华人民共和国动物防疫法》《生猪屠宰管理条例》及《动物标识及疫病可追溯体系》等法律法规，建立动物屠宰加工管理系统，并且在动物屠宰、产品加工环节中落实应用。

### （二）农产品加工物联网的总体架构

在农产品加工过程中，感知层主要为二维码、RFID 农产品标识信息获取、加工环境监控等方面，具体应用如图 5-39 所示。

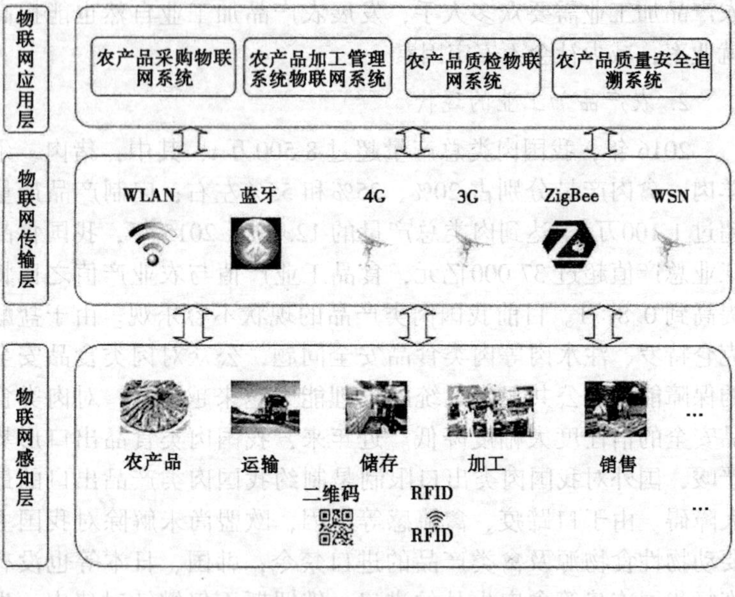


图 5-39　农产品加工物联网的总体架构

### （三）畜禽产品跟踪与追溯系统

畜牧业是典型的流程型制造业，其特点是所生产的产品不能逆转。畜产品的安全管理，包括生产、加工、储存、运输和销售等各个环节，每一个环节都有可能出现安全问题。

最近几年，食品安全事件屡屡发生，不时引起社会恐慌。因此，畜产品安全的信息化管理已经成为食品安全监管工作中十分重要的组成部分，如何利用信息技术为畜产品的质量安全和生产服务，已是政府、学术界和民众面临的严峻问题。由于物联网中的RFID技术易于操控、简单实用，可以在食品安全管理中快速地反应、追本溯源、确定问题、有效地控制，所以其广泛的应用必然是时代的选择。

目前已实现的畜禽产品跟踪与追溯系统：①将数据网络技术与RFID技术相结合，构建了基于数据网络的RFID农产品质量跟踪与追溯系统，实现了农产品跟踪与信息共享的物联网系统。②将RFID技术与传感器技术有效结合，实现水产品供应物流环节全程监控与追踪。③应用电子标签和自动识别技术，实施水产品质量安全追溯体系。④运用二维条码技术、RFID技术和组件技术，构建了猪肉可追溯系统，实现了该系统对猪及其产品的全程质量控制，完成了基于.NET构架的猪肉安全生产的追溯系统。⑤通过构建网络体系构架，并运用RFID技术，实现了基于.NET框架下的肉用猪质量的可追溯监测系统，该系统可以实现让消费者追溯到肉的生产全过程，保证了猪肉的质量安全。

**（四）畜禽批发市场管理系统**

批发市场是畜禽产品质量安全的重要监控点。它既是肉类批发交易监控系统和产品安全追溯体系，也是整个畜禽产品追踪监控平台供应链中对应于分销与批发环节的监控系统，同时还是畜产品到达消费者中的关键环节。批发市场管理系统以RFID标签作为肉类批发信息的载体，对应批发商的货物，利用射频技术及RFID标签的手持读取功能，对货物进行识别、交易和结算，大大加快了肉类批发的物流速度。以RFID标签为交易核心数据，可记录进场交易的每件货品的来源地、交易时间、食用农产品安全检测结果。在每一片猪肉上，市场贴有可回收的电子标签。在猪肉到达某个收货点时，识读器将采集相关信息，并通过短信方式传递给中间件系统，进行数据的过滤和暂存并传递到后台系统。该体系建立后，能够查询到每一片猪肉是否准确到达了目的地，跟踪准确率达100%。

使用RFDD电子标签替代条码系统，可解决由于潮湿、污渍等原因导致不能准确读出条码信息等问题。其错误率将从1%降低到0.1%，标签平均寿命则将从3个月延长到5年。

### （五）畜禽快速检疫系统

快速检疫系统是基于RFID的设置，在省、市、县境道口的监控，主要对过境的畜禽疫病监管。它可以覆盖到大型屠宰场，也可以进一步扩展到冷库和批发市场。该系统中含有动物防疫监督数据库，主要对入境、出境、过境畜禽产品货物情况（品种、数量、产地、去向和检查情况）、证明情况（检疫证号、消毒证号、免疫证号、非免疫号和准运证等）、违章情况（违章原因、移送部门、处理方式和处理金额等）等方面进行有效检查与记录，并对货物全程进行信息追踪，所有数据可供查询及数据汇总。该系统将数据及时反馈给相关的监管部门，并且实现了权限分配功能，使得不同用户能对数据拥有不同访问权限，还实现了对畜产品进出城市的运输进行追踪监控，以确保运输环节中对畜产品做出记录和质量监控。

### （六）畜屠宰加工管理系统

以动物耳标标识为源头，以动物产品溯源条码为结尾，畜屠宰加工管理系统利用数据库、智能终端、网络通信、二维码、条码等技术，把动物屠宰检疫、产品加工的各个环节的信息整合起来，全程记录并跟踪动物及动物产品的主要业务数据，实现从动物入场检疫、准宰、屠宰、分割、成品检疫、产品销售、数据统计、数据上传，到溯源查询全程监督的可追溯管理。

### （七）应用案例

新疆维吾尔自治区畜牧厅使用的新疆畜牧综合信息服务平

台中的屠宰加工管理子系统，可以实现动物产品安全生产的监督、出证快速化、统计查询方便化和全面的质量安全追溯。

1. 监督安全生产

动物卫生监督管理机构通过此系统，掌控各个屠宰场的动物来源及动物产品流向，按业务类别进行汇总、查询、统计分析，详细了解各屠宰场的生产情况，对日常监督、行政执法等形成有力的帮助。同时，该系统也是提升屠宰场按照标准业务流程安全生产的有力工具。

2. 实现快速出证

系统能根据业务数据自动打印动物产品检疫证，并且支持对打印出来的动物产品检疫合格证进行防伪加密，即在证明的左下角打印一个加密的二维码图案，里面记录了合格证的相关信息，如证明号码、数量、货主等，并且通过移动的智能终端可以进行扫描识别，确保了动物产品检疫合格证的真实性。

3. 方便统计查询

系统提供对屠宰出证情况的综合统计和按动物类别进行某段时间的统计，通过波动的曲线查看屠宰量、生产量、销售量、出证量的情况。

4. 实现全面追溯

系统提供了通过“动物产品检疫合格证明号”查询溯源，溯源到产品的生产单位、货主、畜主、屠宰检疫等相关信息。

## 二、农产品物流物联网系统应用

### （一）农产品物流物联网概述

我国农产品虽然丰富，但是广大农民收入依然微薄，城乡差距依然存在，农产品收购价暴跌而终端价格较高依然未得到解决，这是一个民生问题。降低农产品物流成本，可以推动我国农村经济的发展，切实增加农民收入，缩小城乡差距。

农产品物流物联网指的是运用物联网技术把农产品生产、

运输、仓储、智能交易、质量检测及过程控制管理等节点有机结合起来，建立基于物联网的农产品物流信息网络体系。农产品物流物联网是以食品安全追溯为主线，集农产品生产、收购、运输、仓储、交易、配货于一体的物联网技术的集成应用。应用感知技术（电子标签技术、无线传感技术、GPS 定位技术和视频识别技术等），构建各流通环节的智能信息采集节点，通过网络技术（无线传感网络、3G 网络、有线宽带网络、互联网等），将各个节点有机地结合在一起，通过数据库技术、智能信息处理技术，对农产品生产、加工、运输、仓储、包装、检测和卫生等各个环节进行监控，建立可追溯的完整供应链数据库。物联网技术在农产品物流过程的集成应用，可以提高基础设施的利用率，减少农产品物流货损值，提高农产品物流整体效率，优化农产品物流管理流程，降低农产品物流成本、实现农产品电子化交易，推进传统农产品交易市场向现代化交易市场的整体改造、提高农产品（食品）质量安全，实现农产品从农田（养殖基地）到餐桌的全过程、全方位可溯源的信息化管理。

**（二）农产品物流物联网的特点**

基于物联网技术的现代农产品物流是以先进的物联网信息感知技术为基础，注重服务、人员、技术、信息与管理的综合集成，能够快速、实时、准确地进行信息采集和处理，是农产品物流领域现代生产方式、现代经营管理方式和现代信息技术相结合的综合体现。它强调农产品物流的标准化和高效化，以相对较低的成本提供较高的客户服务水平。农产品物流物联网具有多项特点。

1. 农产品供应链的可视化

从农产品生产、加工、供应商到最终用户，通过使用物联网技术，农产品在整个供应链上的分布情况，以及农产品本身的信息都完全可以实时、准确地反映在信息系统中，使得整个农产品供应链和物流管理过程变成一个完全透明的体系。同时，实时、准确的农产品供应链信息，使得整个系统能够在短时间内对复杂多变的市场做出快速反应，提高农产品供应链对市场变化的适应能力。

2. 农产品物流企业资产管理智能化

农产品自身的生化特性和食品安全的需要决定了它在基础设施、仓储条件、运输工具和质量保证技术手段等方面具有相对专用的特性。在农产品储运过程中，需采取低温、防潮、烘干、防虫害、防霉变等一系列技术措施，以保证农产品的使用价值。它要求有配套的硬件设施，包括专门设立的仓库、输送设备、专用码头、专用运输工具和装卸设备等。并且农产品流通过程中的发货、收货及中转环节都需要进行严格的质量控制，以确保农产品品质。这是其他非农产品流通过程中所不具备的。

在农产品物流企业资产管理中使用物联网技术，对运输车辆等设备的生产运作过程通过标签化的方式进行实时的追踪，便可以实时地监控这些设备的使用情况，实现对企业资产的可视化管理，有助于企业对其整体资产进行合理规划应用。

3. 农产品物流信息同步化、采集自动化

由于农业生产的季节性，农业生产点多面广，消费农产品的地点也很分散，农产品的运输都具有时间性强和地域分布不均衡的特点，同时，由于信息交流的制约，农产品流通流向还会出现对流、倒流、迂回等不合理运输现象。各种农产品的收获季节也是农产品的紧张运输期，在其他时间运输量就小得多，这就决定了农产品运输在农产品流通中的重要地位，要求运输工具的配备和调动与之相适应。近几年里，从“蒜你狠”“豆你玩”“姜你军”“辣翻天”“玉米疯”的高价到菜农因蔬菜收购价太低而弃收的现象，说明了我国农产品市场供求关系存在很多问题。

农产品供应链管理是农产品生产、加工、流通企业最有力的竞争工具之一。农产品物流物联网系统在整个农产品供应链管理、设备保存、车流交通和加工工厂生产等方面，实现信息采集、信息处理的自动化及信息的同步化，为用户提供实时准确的农产品状态信息、车辆跟踪定位、运输路径选择、物流网络设计与优化等服务，减少了信息失真的现象，有效控制了供应链管理中的“牛鞭效应”。也可以利用传感器监测追踪特定物体，包括监控货物在途中是否受过震动、温度的变化对其是否有影响、是否损坏其物理结构等，大大提升物流企业综合竞争能力。

4. 农产品物流组织规模化

我国是一个以农户生产经营为基础的农业大国，大多数农产品是由分散的农户进行生产的，相对于其他市场主体，分散农户的市场力量非常薄弱，他们没有力量组织大规模的农产品流通。基于物联网技术的农产品物流系统能够实现农产品物流管理和决策智能化，实现农产品物流的有效组织。例如，库存管理、自动生成订单和优化配送线路等。与此同时，企业能够为客户提供准确、实时的物流信息，并能降低运营成本，实现为客户提供个性化服务，大大提高了企业的客户服务水平。

**（三）农产品物流物联网的主要技术**

物联网主要技术体系包括感知技术体系、通信与网络传输技术体系和智能信息处理技术体系。下面我们依次针对这几个技术体系在农产品物流上的应用加以介绍。

1. 农产品物流常用的物联网感知技术

射频识别（RFID）技术用于农产品的感知定位、过程追溯、信息采集、物品分类拣选等；GPS 技术用于物流信息系统中以实现对物流运输与配送环节的车辆或物品的定位、追踪、监控与管理；视频与图像感知技术目前还停留在监控阶段，不具备自动感知、识别及智能处理的功能，需要人工对图像进行分析。在物流系统中主要作为其他感知技术的辅助手段，往往会与 RFID 和 GPS（全球定位系统）等技术结合应用。也常用来对物流系统进行安防监控，物流运输中的安全防盗等。传感器感知技术及传感网技术相较于 RFID 和 GPS 等技术较晚使用在物流领域。传感器感知技术与 GPS 和 RFID 等技术结合应用，主要用于对粮食物流系统和冷链物流系统的农产品状态及环境进行感知；扫描、红外、激光和蓝牙等其他感知技术主要用在自动化物流中心自动输送分拣系统，用于对物品编码自动扫描、计数、分拣等方面，激光和红外也应用于物流系统中智能搬运机器人的引导。

2. 农产品物流常用的物联网通信与网络传输技术

在物流系统中，农产品加工物流系统的网络架构，往往都是以企业内部局域网为主体建设独立的网络系统。

在农产品物流公司，由于农产品地域分散，并且货物在实时移动过程中，因此，物流的网络化信息管理往往借助互联网系统与企业局域网相结合应用。在物流中心，物流网络往往基于局域网技术，也采用无线局域网技术和组建物流信息网络系统。在数据通信方面，往往是采用无线通信与有线通信相结合。

3. 农产品物流物联网常用的智能信息处理技术

以物流为核心的智能供应链综合系统、物流公共信息平台等领域常采用的智能处理技术有智能计算技术、云计算技术、数据挖掘技术和专家系统等智能技术。

**（四）农产品物流物联网系统总体架构**

物联网是通过以感知技术为应用的智能感应装置采集物体的信息，把任何物品与互联网连接起来，通过传输网络，到达信息处理中心，最终实现物与物、人与物之间的自动化信息交互与处理的智能网络。它包括了感知层、传输层和应用层 3 个层次。农产品物流物联网整体技术架构如图 5-40 所示。

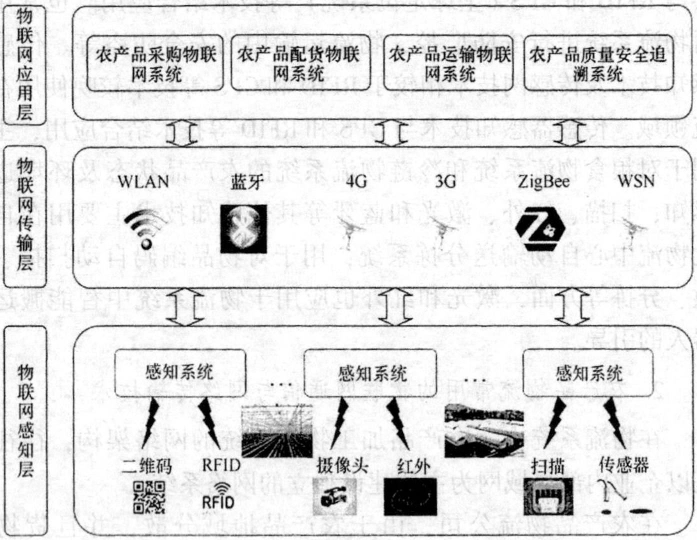


图 5-40 农产品流通物联网整体技术架构

1. 农产品物流物联网感知层

感知层主要包括传感器技术、RFID 技术、二维码技术、多媒体（视频、图像采集、音频、文字）技术等。主要是识别物体，采集信息，与人体结构中皮肤和五官的作用相似。具体到农产品流通中，就是识别和采集在整个流通环节中农产品的相关信息。

在农产品物流中产品识别、追溯方面，常采用 RFID 技术、条码自动识别技术；分类、拣选方面，常采用 RFID 技术、激光技术、红外技术、条码技术等；运输定位、追踪方面，常采用 GPS 定位技术、RFID 技术、车载视频识别技术；质量控制和状态感知方面。常采用传感器技术（温度、湿度等）、RFID 技术和 GPS 技术。

2. 农产品物流物联网传输层

网络层包括通信与互联网的融合网络、网络治理中心、信息中心和智能处理中心等。网络层将感知层获取的信息进行传递和处理，类似于人体结构中的神经中枢和大脑。在一定区域范围内的农产品物流管理与运作的信息系统，常采用企业内部局域网技术，并与互联网、无线网络接口；在不方便布线的地方，采用无线局域网络；在大范围农产品物流运输的管理与调度信息系统，常采用互联网技术和GPS技术相结合的方式；在以仓储为核心的物流中心信息系统，常采用现场总线技术、无线局域网技术和局域网技术等网络技术；在网络通信方面，常采用无线移动356通信技术、3G技术和M2M技术等。

3. 农产品物流物联网应用层

应用层是物联网与行业专业技术的深度融合，与行业需求结合实现行业智能化，这类似于人的社会分工，终极构成人类社会。农产品流通物联网感知信息的获取、存储等云基础处理，采购、配货、运输物联网感知信息云应用服务和农产品流通信息服务云软件服务3个层面，构建农产品物流信息云处理系统、电子交易信息云服务系统、配货信息云服务系统、运输信息云服务系统和农产品流通信息服务系统，进行农产品流通物联网云计算资源的开发与集成，建立农产品物流物联网云计算环境及应用技术体系。面向农产品流通主体提供云端计算能力、存储空间、数据知识、模型资源、应用平台和应用软件服务，提高农产品物流信息的采集、管理、共享、分析水平，实现农产品流通要素聚集、信息融合，促进农产品物流产业链条的快速形成和拓展。

**（五）农产品配货管理系统**

农产品配货管理物联网系统旨在利用RFID、RFID读写设备、移动手持RFID读写设备、移动车载RFID读写设备（仓储搬运车辆用）、WiFi/局域网/Internet、IPv6、智能控制等现代信息技术，实现配货过程的仓储管理、分拣管理和发运管理。仓储管理，主要实现收货、质检、入库、越库、移库、出库、货位导航、库存管理、查询和采购单生成等功能；分拣管理，分拣管理系统主要实现分拣和包装的功能；发运管理，将包装好的容器，按照运输计划装入指定的车辆。

在发货出库区安装固定的RFID读取设备或通过手持设备自动对发货的货物进行识别读取标签内信息与发货单匹配进行发货检查确认。

### （六）农产品质量追溯系统

面对我国食品安全问题层出不穷的现状，只有不断发展农产品的质量安全追溯技术，才能解决农产品的安全问题。消费者也越来越关注自己所购买的商品是否有质量保证，是否存在安全隐患。食品安全问题已经迫在眉睫。

以农产品流通的全程供应链提供追溯依据和手段为目标，以农产品流通全过程流通链为立足点，综合分析各类流通农产品的特点，建立从采购到零售终端的产品质量安全追溯体系。以实现最小流通单元产品质量信息的准确跟踪与查询。

### （七）农产品运输管理系统

农产品运输物联网系统旨在利用RFID、RFID读写设备、移动手持RFID读写设备、智能车载终端、GPS/GPRS，WiFi/Internet、IPv6、智能控制等现代信息技术等，实现运输过程的车辆优化调度管理、运输车辆定位监控管理和沿途分发管理。

车辆优化调度。主要实现运输车辆的日常管理、车辆优化调度、运输线路优化调度和货物优化装载等功能。

运输车辆定位监控管理。在途运行的运输车辆通过智能车载终端连接GPS和GPRS，实现运输途中的车辆、货物定位和货物状态实时监控数据上传到物联网的数据服务器，实现运输途中的车辆、货物定位和监测数据上传。

沿途配送分发管理。按照客户所在地分线路配送，沿途的各中转站在运输车辆经过时，用计算机自动识别电子标签，并自动分拣出应卸下的货物，并利用物联网的数据服务器做好相关的业务处理流程工作，然后各发散地按照规划的线路分发到客户手中。

### （八）农产品采购交易系统

农产品采购交易物联网系统旨在利用 RFID、RFID 读写设备、Internet、无线通信网络、3G、RFID、IPv6 和智能控制等现代信息技术，实现采购过程的数据采集与产品质量控制管理，是农产品物流的全链条信息化管理的开始。

1. 电子标签制作与数据上传

生产基地生产出来的产品（采购部门采购回来的产品）在装箱之前制作好电子标签并通过手持式 RFID 读卡器或智能移动读写设备把信息通过网络传输到系统服务器的数据库中，由此开始了管理追踪农产品流通全过程。其信息主要包括品名、产地、数量、所占库位大小和预计到货时间等，并在物联网的数据服务器做好相关的业务处理工作，这样就能有效地为配送总部做好冷库储藏的准备和协调工作。

2. 采购单管理

主要根据库存信息、客户订单生成采购单，以便实现采购单管理。实现环境：RFID、RFID 读写设备、移动 RFID 读写设备、无线通信网络、Internet 网络和计算机等。

### （九）应用案例

北京市场内连续发生以张北（河北）毒蔬菜事件和香河（河北）毒韭菜事件为代表的较为严重食品安全事故，不仅给首都消费者带来了较大恐慌，也给河北的蔬菜产业带来较大损失。农业部适时组织开展了“京冀两地蔬菜产品质量追溯制度试点”，这项工作由北京市农业局和河北省农业厅具体组织实施。试点工作选择河北承德、唐山等地 6 个代表性的蔬菜生产基地，探讨进京蔬菜产品产地加工、分级和包装和基地产品应用产品标签信息码的应用等，实现农产品的源头追溯和流向追踪等。

成都市为各家农贸市场的猪肉全安上电子芯片，跟踪记录猪肉产品屠宰、加工、批发和零售各个环节的质量安全信息，并配备专门的电子溯源秤，消费者据小票上的食品安全追溯码查询获取各环节信息。

商务部宣布在全国有条件的大中城市率先启动肉类蔬菜流通追溯体系建设试点，成都是首批 10 个试点城市之一。目前，成都的肉类蔬菜流通追溯体系覆盖点位已经超过 10 000 个，以猪肉溯源系统为例，市民可以追踪到批发商、屠宰企业、屠宰时间、肉品检验、动物检验情况、生猪供应商、生猪原产地、产地检疫号、运输车牌号等翔实内容。

农产品物流物联网是以食品安全追溯为主线，应用电子标签技术、无线传感技术、GPS 定位技术和视频识别技术等感知技术，应用无线传感网络、3G 网络、有线宽带网络和互联网等网络技术，把农产品生产、运输、仓储、智能交易、质量检测及过程控制管理等节点有机结合起来，建立基于物联网的农产品物流信息网络体系。基于物联网技术的农产品物流系统是物联网技术与农产品物流技术的集成与融合，它不同于传统农产品物流系统，是农产品物流的更高阶段，是农产品全程质量控制，是保障农产品质量和安全的重要措施。

基于物联网技术建设农产品流通体系模式处于“初创”阶段，可以预计，今后还会出现多种多样有效的现代化农产流通体系。目前，物联网技术处于起步时期，技术仍然在急剧变革和创新，市场在迅速增长中变数也非常大，因此，在过去一段时期内，农产品流通体系会处于“百花齐放”阶段，农产品流通模式模式层出不穷，创新空间很大，但是其内在基本规律已经体现并可以总结。

## 第八节　农产品物流物联网系统应用

农产品物流物联网是农业物联网的一个重要应用领域，是以食品安全退溯为主线，应用电子标签技术、无线传感技术、GPS 定位技术和视频识别技术等感知技术，应用无线传感网络、

3G网络、有线宽带网络、互联网等网络技术，把农产品生产、运输、仓储、智能交易、质量检测及过程控制管理等节点有机结合起来，建立基于物联网的农产品物流信息网络体系，从而达到提高农产品物流整体效率、优化农产品物流管理流程、降低农产品物流成本、实现农产品电子化交易和有效追溯，让消费者实时了解食品从农田或养殖场到餐桌的安全状况的目的。本章重点阐述了农产品配货管理、农产品质量追溯、农产品运输管理和农产品采购交易四部分内容，以期使读者对农产品物流物联网有一个清晰的认识。

## 一、概述

随着现代物流业的飞速发展，运用物联网技术把农产品生产管理、运输管理、仓储管理、智能交易管理、质量检测管理及过程控制管理等节点有机结合起来，建立基于物联网的农产品物流信息网络体系，不仅能降低农产品物流成本，实现农产品电子化交易，推进传统农产品交易市场向现代化交易市场的整体改造，而且能提高农产品（食品）质量安全，实现农产品（食品）安全的有效追溯，实时了解食品从农田或养殖场到餐桌的安全状况。本节对农产品物流物联网的内涵、特点、系统技术需求及发展趋势进行阐述。

### （一）农产品物流物联网的内涵

农产品流通是指为了满足消费者需求，实现农产品价值，而进行的农产品物质实体及相关信息从生产者到消费者之间的物理性经济活动。具体地说，就是以农业产出物为对象，包括农产品产后采购、运输、储存、装卸、搬运、包装、配送、流通加工、分销、信息处理等物流环节，并且在这一过程中实现农产品价值增值和组织目标。农产品流通的方向主要是从农产品产地到农产品的消费地，由于农产品的主要消费群体是在城镇，因此农产品一般是农村流向城镇。

农产品物流物联网是以食品安全追溯为主线，集农产品生产、收购、运输、仓储、交易、配货于一体的物联网技术的集成应用。应用电子标签技术、无线传感技术、GPS定位技术和视频识别技术等，构建各流通环节的智能信息采集节点，通过无线传感网络、3G网络、有线宽带网络、互联网等网络技术，将各个节点有机地结合在一起，通过数据库技术、智能信息处理技术，对农产品生产、加工、运输、仓储、包装、检测和卫生等各个环节进行监控，建立可追溯的完整供应链数据库。物联网技术在农产品物流过程的集成应用，可以提高基础设施的利用率，降低农产品物流货损值，提高农产品物流整体效率，优化农产品物流管理流程，降低库存成本，实现农产品从农田（养殖基地）到餐桌的全过程、全方位可溯源的信息化管理。

**（二）农产品物流物联网的特点**

农产品不同于一般工业产品，具有以下特点：农产品具有生物属性，如蔬菜、水果、农畜产品等，在采摘和屠宰后具有鲜活性、易腐性，这个特性常常使农产品的价值容易流失；农产品生产具有明确的季节性、集中性，供给反应迟滞，农业生产者不能在一个年度内均衡分布生产能力，只能随着自然季节的变化在某一个特定季节内集中生产某一个品种，导致同一种农产品的市场供给具有明显的季节性和集中性的特点，成熟季节集中大量上市，而其他季节又供应不足；农产品生产的地域分散性，农产品生产由于受自然地理条件的约束，地域性特点非常突出，这个特性造成农产品生产地与消费地的隔离。针对农产品的特点，基于物联网技术的现代农产品物流是以先进的物联网信息感知技术为基础，注重服务、人员、技术、信息与管理的综合集成，是现代生产方式、现代经营管理方式、现代信息技术相结合在农产品物流领域的综合体现。农产物流物联网具有如下特点。

1. 农产品供应链的可视化

农产品流通数量庞大，我国农产品无论数量之大，还是品种之多在世界上都名列前茅。这些农产品除农民自用以外，大部分都要变成商品，从而形成巨大数量的农产品流通。通过在供应链全过程中使用物联网技术，从农产品生产、农产品加工、供应商到最终用户，农产品在整个供应链上的分布情况以及农产品本身的信息都完全可以实时、准确地反映在信息系统中，增加了农产品供应链的可视性，使得农产品的整个供应链和物流管理过程变成一个完全透明的体系。快速、实时、准确的信息使得整个农产品供应链能够在最短的时间内对复杂多变的市场做出快速的反应，提高农产品供应链对市场变化的适应能力。

2. 农产品物流信息采集自动化

由于农业生产的季节性，农业生产点多面广，消费农产品的地点也很分散，农产品的运输都具有时间性强和地域分布不均衡性的特点，同时由于信息交流的制约，农产品流通流向还会出现对流、倒流、迂回等不合理运输现象。各种农产品的收获季节也是农产品的紧张运输期，在其他时间运输量就小得多，这就决定了农产品运输在农产品流通中的重要地位，要求运输工具的配备和调动与之相适应。农产品物流物联网系统在整个农产品供应链管理、设备保存、车流交通、加工工厂生产等方面，实现信息采集、信息处理的自动化，为用户提供实时准确的农产品状态信息、车辆跟踪定位、运输路径选择、物流网络设计与优化等服务，也可以利用传感器监测追踪特定物体，包括监控货物在途中是否受过震动、温度的变化对其是否有影响、是否损坏其物理结构等，大大提升物流企业综合竞争能力。

3. 农产品物流企业资产管理智能化

农产品自身的生化特性和食品安全的需要决定了它在基础设施、仓储条件、运输工具、质量保证技术手段等方面具有相对专用的特性。在农产品储运过程中，为使农产品的使用价值得到保证，需采取低温、防潮、烘干、防虫害、防霉变等一系列技术措施。它要求有配套的硬件设施，包括专门设立的仓库、输送设备、专用码头、专用运输工具、装卸设备等。并且为了确保农产品品质，在农产品流通过程中的发货、收货以及中转环节都需要进行严格的质量控制，达到规定要求。这是其他非农产品流通过程中所不具备的。在农产品物流企业资产管理中使用物联网技术，对运输车辆等设备的生产运作过程通过标签化的方式进行实时的追踪，便可以实时地监控这些设备的使用情况，实现对企业资产的可视化管理，有助于企业对其整体资产进行合理的规划应用。

4. 农产品物流组织规模化

我国是一个以农户生产经营为基础的农业大国，大多数农产品是由分散的农户进行生产的，相对于其他市场主体，分散农户的市场力量非常薄弱，他们没有力量组织大规模的农产品流通。基于物联网技术的农产品物流系统能够实现农产品物流管理和决策智能化，实现农产品物流的有效组织。例如库存管理、自动生成订单、优化配送线路等。与此同时，企业能够为客户提供准确、实时的物流信息，并能降低运营成本，实现为客户提供个性化服务，大大提高了企业的客户服务水平。

5. 农产品物流具有一定的预期性

所谓预期是指对和当前决策有关的一些经济变量未来值的估计，是决策者对那些与其决策相关联的不确定的经济变量所作出的相应的预测。而农产品具有一定的预期性则是指生产者能够根据农产品当前的价格以及销售情况来预测来年产品的种植数量。库存成本是物流成本的重要组成部分，因此，降低库存水平成为现代物流管理的一项核心内容。将物联网技术应用于库存管理中，企业能够实时实现农产品盘库、移库、倒库，实时掌握的库存信息，从中了解每种农产品的需求模式及时进行补货，结合自动补货系统以及供应商管理库存解决方案，提高库存管理能力，降低库存水平。

**（三）农产品物流物联网应用主要技术**

根据物联网的特征来划分，物联网主要技术体系包括感知技术体系、通信与网络传输技术体系和智能信息处理技术体系。下面结合其在农产品物流行业应用情况进行分析。

1. 农产品物流常用物联网感知技术

（1）RFID 技术：目前，在农产品物流物联网领域，应用最广泛的物联网感知技术是 RFID 技术及智能手持 RF 终端产品，RF1D 技术主要用来感知定位、过程追溯、信息采集、物品分类拣选等。

（2）GPS 技术：物流信息系统采用 GPS 感知技术，用于对物流运输与配送环节的车辆或物品进行定位、追踪、监控与管理，尤其在运输环节的物流信息系统，大部分采用这一感知技术。

（3）视频与图像感知技术：该技术目前还停留在监控阶段，需要人来对图像分析，不具备自动感知与识别的功能，在物流系统中主要作为其他感知的辅助手段。也常用来对物流系统进行安防监控，物流运输中的安全防盗等，往往会与 RFID、GPS 等技术结合应用。

（4）传感器感知技术：传感器感知技术及传感网技术是近两年才在物流领域得到应用的技术。传感器感知技术与 GPS、RFID 等技术结合应用，主要用于对粮食物流系统、冷链物流系统的农产品状态及环境进行感知。传感技术丰富了物联网系统中的感知技术手段，在食品、冷链物流具有广泛应用前景。

（5）扫描、红外、激光、蓝牙等其他感知技术：主要用在自动化物流中心自动输送分拣系统，用于对物品编码自动扫描、计数、分拣等方面，激光和红外也应用于物流系统中智能搬运机器人的导引。

2. 农产品物流常用的物联网通信与网络传输技术

在物流系统中，农产品加工企业内部的生产物流管理系统往往是与农产品加工企业生产系统相融合，物流系统作为生产系统的一部分，在企业生产管理中起着非常重要的作用。企业内部物流系统的网络架构，往往都是以企业内部局域网为主体建设独立的网络系统。

在农产品物流公司，由于农产品地域分散，并且货物在实时移动过程中，因此，物流的网络化信息管理往往借助于互联网系统与企业局域网相结合应用。

在物流中心，物流网络往往基于局域网技术，也采用无线局域网技术，组建物流信息网络系统。

在数据通信方面，往往是采用无线通信与有线通信相结合。

3. 农产品物流物联网常用的智能处理技术

以物流为核心的智能供应链综合系统、物流公共信息平台等领域，常采用的智能处理技术有智能计算技术、云计算技术、数据挖掘技术、专家系统等智能技术。

**（四）农产品物流物联网发展趋势**

在信息采集与监测方面，目前在农产品物流业应用较多的感知手段主要是 RFID 和 GPS 技术，今后随着物联网技术发展，传感技术、蓝牙技术、视频识别技术、M2M 技术等多种技术也将逐步集成应用于现代农产品物流领域，用于现代农产品物流作业中的各种感知与操作。例如，温度的感知用于冷链物流，侵入系统的感知用于物流安全防盗，视频的感知用于各种控制环节与物流作业引导等。

在农产品物流过程的可视化智能管理网络系统方面，采用基于 GPS 卫星导航定位技术、RFID 技术、传感技术等多种技术，对农产品物流过程中实时实现车辆定位、运输物品监控、在线调度与配送可视化与管理，建立农产品冷链的车辆定位与农产品温度实时监控系统等，实现了物流作业的透明化、可视化管理。

在农产品物流配送中心智能化建设方面，基于传感、RFID、声、光、机、电、移动计算等各项先进技术，建立全自动化的物流配送中心，建立物流作业的智能控制、自动化操作的网络，可实现物流与生产联动，实现商流、物流、信息流、资金流的全面协同。例如，一些先进的自动化物流中心，就实现了机器人码垛与装卸，采用无人搬运车进行物料搬运，自动输送分拣线开展分拣作业，出入库操作由堆垛机自动完成，物流中心信息与企业 ERP 系统无缝对接，整个物流作业与生产制造实现了自动化、智能化。

## 二、农产品物流物联网系统总体架构

### （一）总体技术架构

结合农产品物流的特点，以物联网的 DCM（Devices、Connect、Manage）三层架构来建立完整的农产品物流物联网应用系统，每层架构应用最先进的物联网技术，并始终体现云计算和云服务“软件即服务”的思想，并在实现效果和设计理念上体现可视化、泛在化、智能化、个性化、一体化的特点。农产品物流物联网整体技术架构如图 5-41 所示。农产品物流物联网的网络拓扑结构如图 5-42 所示。

### （二）技术特点分析

物联网是通过智能感应装置采集物体的信息，经过传输网络，到达信息处理中心，最终实现物与物、人与物之间的自动化信息交互与处理的智能网络。它包括了感知层、网络传输层和应用层 3 个层次。方案充分考虑可视化、泛在化、智能化、个性化、一体化的需求，通过技术集成和研发相结合，保证方案技术先进性和产品的实用性。

1. 农产品物流物联网感知层

作为农产品物流物联网的农产品状态探测、识别、定位、跟踪和监控的末端，末端设备及子系统承载了将农产品的信息转换为可处理的信号，其主要包括传感器技术、RFID（射频识

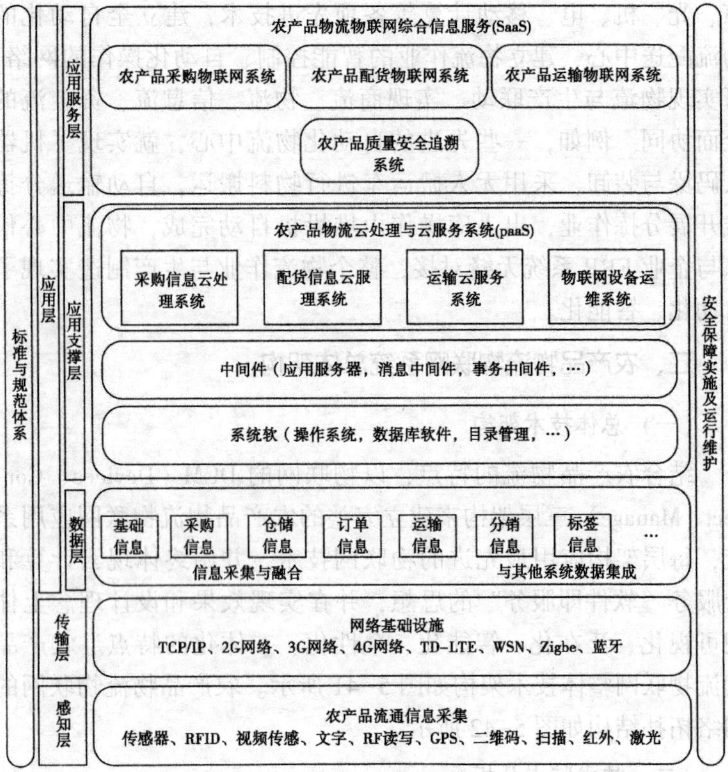


图5-41 农产品流通物联网整体技术架构

别）技术、二维码技术、多媒体（视频、图像采集、音频、文字）技术等。

（1）在农产品物流中产品识别、追溯方面，常采用的是RFID技术、条码自动识别技术。

（2）在农产品物流中产品分类、拣选方面，常采用的是RFID技术、激光技术、红外技术、条码技术等。

（3）在农产品物流中产品运输定位、追踪方面，常采用的是GPS定位技术、RFID技术、车载视频识别技术。

（4）在农产品物流中产品质量控制和状态感知方面，常采用传感器技术（温度、湿度等）、RFID技术与GPS技术。

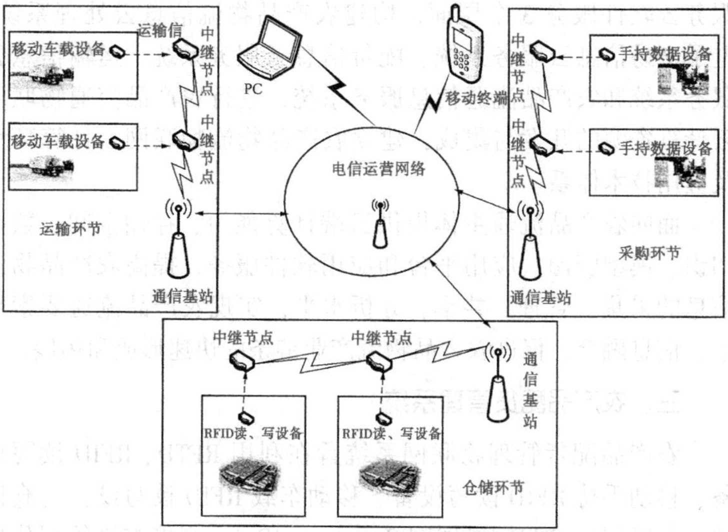


图 5-42　农产品物流物联网的信息网络拓扑结构图

2. 农产品物流物联网传输层

在一定区域范围内的农产品物流管理与运作的信息系统，常采用企业内部局域网技术，并与互联网、无线网络接口；在不方便布线的地方，采用无线局域网络；在大范围农产品物流运输的管理与调度信息系统，常采用互联网技术、GPS 技术相结合，实现物流运输、车辆配货与调度管理的智能化、可视化与自动化；在以仓储为核心的物流中心信息系统，常采用现场总线技术、无线局域网技术、局域网技术等网络技术；在网络通信方面，常采用无线移动通信技术、3G 技术、M2M 技术等。

3. 农产品物流物联网应用层

针对农产品流通物联网信息具有多元、多源、多级、动态变化、数据量巨大等特点，方案充分利用云计算的虚拟化、动态可扩展、按需计算、高效灵活、高可靠性、高性价比的特点。从农产品流通物联网感知信息的获取、存储等云基础处理，采购、配货、运输物联网感知信息云应用服务和农产品流通信息服务云软件服务 3 个层面，构建农产品物流信息云处理系统、电子交易信息云服务系统、配货信息云服务系统、运输信息云服务系统和农产品流通信息服务系统，进行农产品流通物联网云计算资源的开发与集成，建立农产品物流物联网云计算环境及应用技术体系。

面向农产品流通主体提供云端计算能力、存储空间、数据知识、模型资源、应用平台和应用软件服务，提高农产品物流信息的采集、管理、共享、分析水平，实现农产品流通要素聚集、信息融合，促进农产品物流产业链条的快速形成和拓展。

## 三、农产品配货管理系统

农产品配货管理物联网系统旨在利用 RFTD、RFID 读写设备、移动手持 RFID 读写设备、移动车载 RFID 读写设备（仓储搬运车辆用）、WiFi/局域网/Internet、IPv6、智能控制等现代信息技术，实现配货过程的仓储管理、分拣管理和发运管理。

### （一）农产品配货管理系统主要功能

在仓储管理方面，主要实现收货、质检、入库、越库、移库、出库、货位导航、库存管理、查询、采购单生成等功能。

（1）收货：仓库在收到上游发到的货物时，按照预先发货清单，对实际到达的货物进行校核的作业过程。经过收货确认之后，所收到的货物才算正式进入库存管理范围，在仓储数据库中被计为库存。收货后，货物被移至收货暂存区。

（2）质检：对完成收货位于暂存区的货物进行质量检验，对于质检不合格的货物要进行退货处理，并非所有仓储都需要此环节。

（3）入库：将完成收货（并质检合格）的货物搬运到指定的货位，或者搬运到适当的货位之后，将相关的信息集反馈给仓储管理系统，主要包括入库类型、货物验收、收货单打印、库位分配、预入库信息、直接入库等功能。入库功能主要借助 RFID 设备实现，当产品进入库房时，在库房入口处安装固定的

RFID 读取设备或通过手持设备自动对入库的货物进行识别，由于每个包装上安装有电子标签，可以识别到单品，同时由于 RFID 的多读性，可以一次识别很多个标签，以便做到快速入库识别。

（4）越库：最高效、理想的仓库运作模式。完成收货的原托盘直接装车发运。

（5）移库：库存货物在不同货位之间移动，需要采集货物移入和移出的货位信息。

（6）出库管理：对货物的出货进行管理，主要有出库类型、调配、检货单打印、检货配货处理、出库确认、单据打印等功能。

（7）货位导航：出库、入库、盘库时可查看所有要操作器材的所在位置；系统根据车载天线返回的信息，自动判断车所在位置。并在画面中显示出自己所在的位置。系统会根据天线返回的货位号自动判断附近否有要操作的货位，并给予到达货位、附近有可操作货位等提示。

（8）库存管理：对库存货物进行内部操作处理。主要包括库位调整处理、盘点处理、退货处理、调换处理、包装处理、报废处理等功能。具体实现过程如下：安装有 RFID 电子标签的货物入库后，配合 RFID 手持终端在库内可以方便地进行查找、盘点、上架、拣选处理，随时掌握库存情况，并根据库存信息和库存的下限值生产货物采购订单。

（9）查询：提供对现有仓库库存情况的各种查询方式，如货物查询、货位查询等。

（10）分拣管理：分拣管理系统主要实现分拣、包装的功能。

分拣按照发货要求指示作业人员到指定的货位拣取指定数量的指定农产品的作业。需要采集所需拣取的农产品种类、数量以及货位信息。拣选后可以将经销地、经销商等信息写入 RFID 电子标签以便方便进行发货识别、市场监管。

包装按照发运的需要，将已捡取的货物装入适当的容器或进行包装，并同时对所捡取的货物进行再次核对。

在发运管理方面，将包装好的容器，按照运输计划装入指定的车辆。

在发货出库区安装固定的 RFID 读取设备或通过手持设备自动对发货的货物进行识别，读取标签内信息与发货单匹配进行发货检查确认。

### （二）仓储库无线网络总体结构

以农产品仓储库无线网络组网模式为例。

1. 农产品仓库网络布局

整个仓库无线骨干网络搭建网络采用的是星形中心路由，这样的路由组网利于信息的高效传输，如图 5-43 所示。

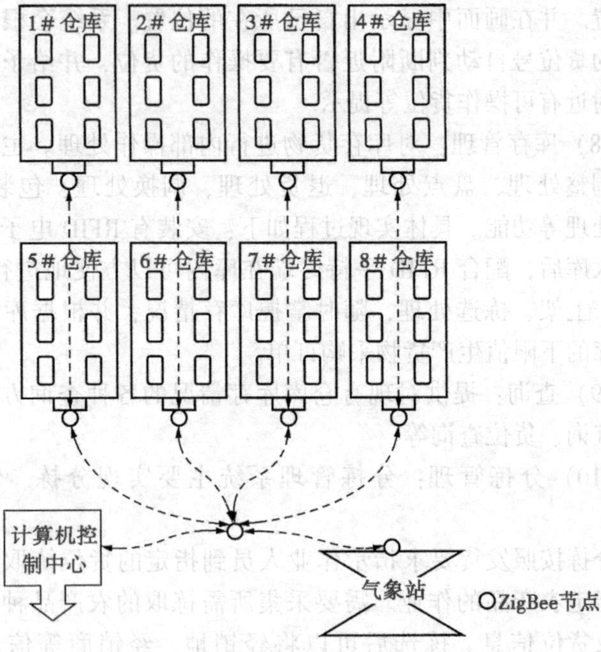


图 5-43　整体网络架构

2. 仓库内部子网

仓库内部主要包括两套无线系统 Zigbee 系统与 RFED 系统，如图 5-44 所示。

（1）ZigBee 系统：每个仓库货架设置一个 ZigBee 节点，电池供电，平均每年更换一次。主要功能如下：通过 ZigBee 内置芯片模块存储所有农产品信息，可以随时根据通信信息做修改；自动采集仓库内部的温度与湿度；可以随时接收手持设备传来的信息，做出相关修改与信息更新；与内外部网络建立联系，信息可以传输回计算机控制中心；预警显示灯扩展模块，用于农产品自燃预警或者是找寻目标产品的提示。

（2）RFID 系统：每 50 米左右为半径范围放一个 RFID 读卡器，用于识别手持设备内置的有源 RFID 高频芯片。可以对手持设备进行识别与定位，确定拿着手持设备的工作人员的位置，以及对该手持设备所属员工的身份识别。RFID 供电使用电池，每年更换一次。

## 四、农产品质量监管追溯系统

农产品质量监管追溯系统是指以农产品流通的全程供应链提供追溯依据和手段为目标，以农产品流通全过程流通链为立足点，综合分析各类流通农产品的特点，建立从采购到零售终端的产品质量安全追溯体系，以实现最小流通单元产品质量信息的准确跟踪与查询。农产品质量监管追溯系统功能流程如图 5-45 所示。

农产品质量监管追溯系统主要建设内容包括如下系统。

（1）生产管理系统：生产管理系统包括分别为种植、养殖企业用户和加工企业用户开发的种植、养殖质量管理系统和农产品加工质量管理系统。

种植、养殖质量管理系统面向种植、养殖企业的内部管理需求，以提高种植、养殖过程信息的管理水平及种植、养殖过程的可追溯能力为目标，通过对种植、养殖企业的育苗、放养、

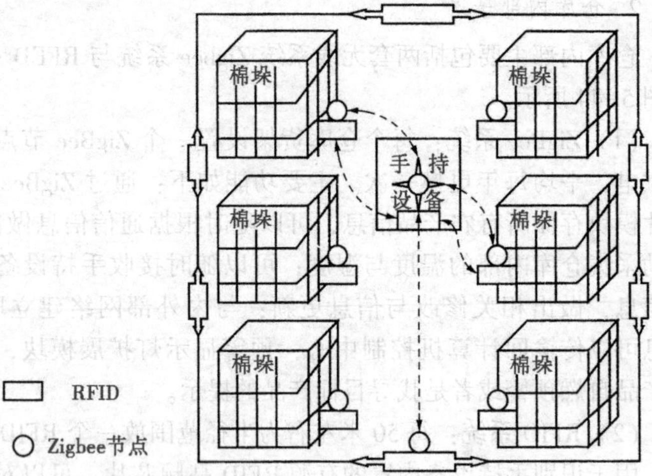


图 5-44　仓储库内部网络示意图

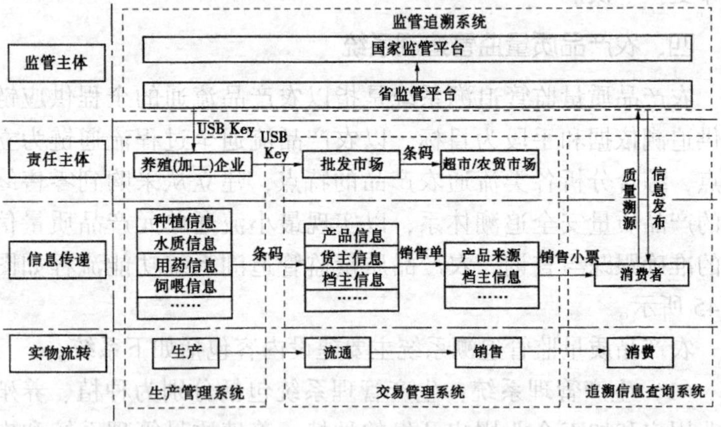


图 5-45　农产品质量监管追溯系统功能流程

投喂、病害防治到收获、运输和包装等生产流程进行剖析，设计农产品种植、养殖生产环境、生产活动、质量安全管理及销售状况等功能模块，以满足企业日常管理的需要；在建设包括基础信息、生产信息、库存信息、销售信息等农产品档案信息数据库的基础上，开发针对不同用户的生产管理模块、库存管理模块和销售模块，将各模块集成，形成农产品种植、养殖安全生产管理系统。

（2）交易管理系统：面向批发市场管理的需求，以实现产品准入管理和市场交易管理为目标，针对不同模式的批发市场开发实用的市场交易管理系统，主要包括市场准入管理、市场档口管理、交易管理。

市场准入管理。根据产地准出证是否具有条码，将证上相关养殖者信息、产品信息通过读取或录入的形式存储到批发市场中心数据库，以管理产品的来源。

市场档口管理。对市场中的各个档口进行日常管理，主要管理基础信息、抽检信息等。

交易管理。针对信息化程度较高的批发市场，根据市场准入原则向进入批发市场的养殖企业（或批发商）索取带有条码的产地准出证，管理人员读取产地准出证上的条码，并存储到批发市场中心数据库中；若是拍卖模式的批发市场，批发商在租用电子秤时，管理人员将该批发商该天的相关数据发送到批发商租用的电子秤中，批发商在与客户交易时打印带有生产企业、批发市场、批发商、产品信息的一维条码产品销售单，同时将该次交易记录上传到批发市场中心数据库中；若是直接经营模式的批发市场，批发商通过无线网络下载该批发商该天的相关数据到电子秤，批发商在与客户交易时打印带有生产企业、批发市场、批发商、产品信息的一维条码产品销售单。一旦出现产品问题，在批发市场可通过产品销售单的相关信息追溯到批发商。

（3）监管追溯系统：监管追溯平台包括企业管理、网站管理、用户管理三大功能模块。其中企业管理包括企业信息上传、企业上传产品统计、短信平台数据统计等功能；网站管理包括新闻系统、抽检公告、企业简介、农产品大观、行业标准、消费者指南、数据库管理等功能。同时满足政府监管部门、企业用户和消费者等不同追溯需求，以利于达到消费者满意、企业管理水平提高，农产品质量安全监管追溯平台通过模块化设计和权限划分，可满足部级、省级的需求。

市县级不同层级监管主体的监管和追溯需求，可以向各级监管主体提供详细的农产品各供应链的责任主体、产品流向过程以及下级监管主体的农产品质量安全控制措施。另外，通过基础信息平台进行农产品追溯码数量、短信追溯数量进行统计分析，为各级主管部门加强管理和启动风险预警应急提供必要的技术支持。

(4) 追溯信息查询系统：通过数据访问通用接口研究，研究计算机网络、无线通信网络和电话网络对同一数据库的访问协议，开发完成支持短信网关、PSTN 网关、IP 网关的通用 API，实现基于中央追溯信息数据库下的多方式查询。追溯信息查询系统各环节系统模块追溯信息为基础，以产品标签条码及产品追溯码为查询手段，通过网站、POS 机、短信和语音电话等多种追溯信息查询方式，进行可追溯信息查询。追溯查询系统结构如图 5-46 所示。

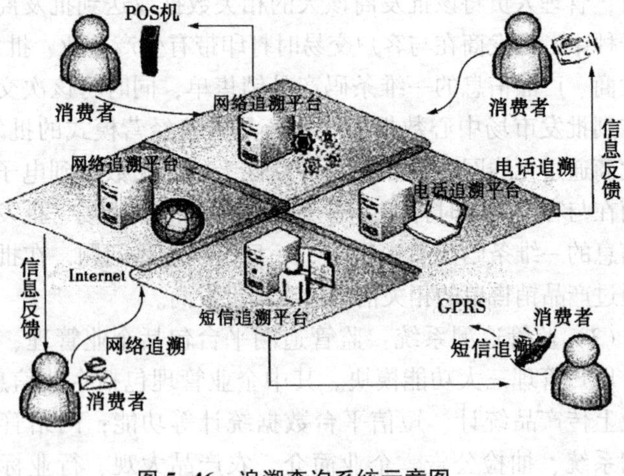


图 5-46　追溯查询系统示意图

## 五、农产品运输管理系统

农产品运输物联网系统旨在利用 RFID、RFID 读写设备、移动手持 RFID 读写设备、智能车载终端、GPS/GPRS，WiFi/Internet、IPv6、智能控制等现代信息技术等，实现运输过程的车辆优化调度管理、运输车辆地位监控管理和沿途分发管理。

（1）车辆优化调度：主要实现运输车辆的日常管理、车辆优化调度、运输线路优化调度、货物优化装载等功能。

（2）运输车辆定位监控管理：在途运行的运输车辆通过智能车载终端连接 GPS 和 GPRS，实现运输途中的车辆、货物定位和货物状态实时监控数据上传到物联网的数据服务器，实现运输途中的车辆、货物定位和监测数据上传。

（3）沿途配送分发管理：按照客户所在地分线路配送，沿途的各中转站在运输车辆经过时用物品管理计算机自动识别电子标签，并通过物品管理计算机自动分拣出应卸下的货物，并在物联网的数据服务器作好相关的业务处理工作，然后各发散地按照规划的线路一路分发直到客户手中。

## 六、农产品采购交易系统

农产品采购交易物联网系统旨在利用 RFID、RFID 读写设备、Internet、无线通信网络、3G、IPv6、智能控制等现代信息技术，实现采购过程的数据采集与产品质量控制管理，是农产品物流的全链条信息化管理的开始。交易管理结构如图 5-47 所示。

（1）电子标签制作与数据上传：生产基地生产出来的产品（采购部门采购回来的产品）在装箱之前制作好电子标签并通过手持式 RFTD 读卡器或智能移动读写设备把信息通过网络传输到系统服务器的数据库中，由此开始了管理追踪农产品流通全过程。其信息主要包括品名、产地、数量、所占库位大小、预计到货时间等，并在物联网的数据服务器做好相关的业务处理工作，这样就能有效地为配送总部做好冷库储藏的准备和协调工作。

（2）采购单管理：主要根据库存信息、客户订单生成采购单，并实现采购单管理。实现环境：RFID、RFID 读写设备、移动 RFID 读写设备、无线通信网络、Internet、计算机等。

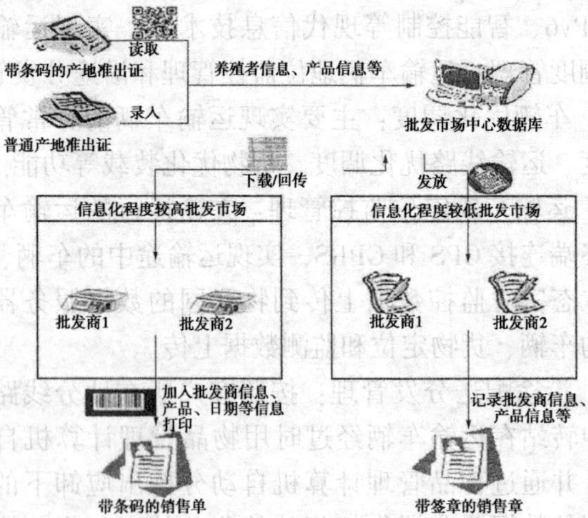


图 5-47　交易管理结构系统

# 主要参考文献

吴湘莲，楼平. 2015. 设施农业物联网实用技术［M］. 北京：中国农业出版社.

曾洪学. 2016. 农业物联网技术导论［M］. 郑州：黄河水利出版社.